Springer-Lehrbuch

Tatjana Lange · Karl Mosler

Statistik kompakt

Basiswissen für Ökonomen und Ingenieure

Tatjana Lange
Fachbereich Informatik und
Kommunikationssysteme
Hochschule Merseburg
Merseburg, Deutschland

Karl Mosler
Wirtschafts- und Sozialwissenschaftliche Fakultät
Universität zu Köln
Köln, Deutschland

ISSN 0937-7433
Springer-Lehrbuch
ISBN 978-3-662-53466-3   ISBN 978-3-662-53467-0 (eBook)
DOI 10.1007/978-3-662-53467-0

Die Deutsche Nationalbibliothek verzeichnet diese Publikation in der Deutschen Nationalbibliografie; detaillierte bibliografische Daten sind im Internet über http://dnb.d-nb.de abrufbar.

Springer Gabler
© Springer-Verlag Berlin Heidelberg 2017
Das Werk einschließlich aller seiner Teile ist urheberrechtlich geschützt. Jede Verwertung, die nicht ausdrücklich vom Urheberrechtsgesetz zugelassen ist, bedarf der vorherigen Zustimmung des Verlags. Das gilt insbesondere für Vervielfältigungen, Bearbeitungen, Übersetzungen, Mikroverfilmungen und die Einspeicherung und Verarbeitung in elektronischen Systemen.
Die Wiedergabe von Gebrauchsnamen, Handelsnamen, Warenbezeichnungen usw. in diesem Werk berechtigt auch ohne besondere Kennzeichnung nicht zu der Annahme, dass solche Namen im Sinne der Warenzeichen- und Markenschutz-Gesetzgebung als frei zu betrachten wären und daher von jedermann benutzt werden dürften.
Der Verlag, die Autoren und die Herausgeber gehen davon aus, dass die Angaben und Informationen in diesem Werk zum Zeitpunkt der Veröffentlichung vollständig und korrekt sind. Weder der Verlag noch die Autoren oder die Herausgeber übernehmen, ausdrücklich oder implizit, Gewähr für den Inhalt des Werkes, etwaige Fehler oder Äußerungen.

Planung: Iris Ruhmann

Gedruckt auf säurefreiem und chlorfrei gebleichtem Papier

Springer Gabler ist Teil von Springer Nature
Die eingetragene Gesellschaft ist Springer-Verlag GmbH Deutschland
Die Anschrift der Gesellschaft ist: Heidelberger Platz 3, 14197 Berlin, Germany

Vorwort

Dieses Lehrbuch bietet in kompakter Form das Basiswissen in Wahrscheinlichkeitsrechnung und statistischen Methoden, das zum Verständnis aller empirisch arbeitenden Wissenschaften nötig und deshalb Bestandteil zahlreicher Bachelorstudiengänge ist. Das Buch richtet sich insbesondere, aber nicht ausschließlich an angehende Betriebswirte und Ingenieure; entsprechend sind die Beispiele ausgewählt.

Die Darstellung ist knapp gehalten. Sie beschränkt sich auf den Stoff, den der Studierende für die Prüfung in einem ersten Kurs zur Statistik und als Grundlage für weitere spezielle Veranstaltungen zur angewandten Statistik und Stochastik braucht.

Besonderer Wert wird auf die Klarheit von grundlegenden Begriffen der Datenanalyse wie Skalenniveau, Zufallsgröße, Normalverteilungs-Approximation und statistischer Signifikanz gelegt. Die Begriffe werden durch zahlreiche Abbildungen visualisiert und ihre Anwendung an durchgerechneten Beispielen erklärt. Einige benötigte mathematische Formeln und Definitionen sind im Anhang zusammengefasst.

Übungsaufgaben zum Stoff des Buchs sowie kurze Lösungen findet man auf der Internetseite http://prof-tlange.de/Statistik_kompakt.html.

Die lustigen Cartoons am Anfang jedes Kapitels hat der Maler Christian Siegel, langjähriger Freund und Kollege von Tatjana Lange an der Hochschule Merseburg, kreiert. Dafür sprechen wir ihm unseren herzlichsten Dank aus.

Bei der Erstellung der Abbildungen hat uns Herr Jörg Lange stark unterstützt. Ihm sind wir ebenfalls zu großem Dank verpflichtet.

Schließlich gebührt unser aufrichtiger Dank Frau Bianca Alton und Frau Iris Ruhmann vom Springer Verlag für die hilfreiche und jederzeit angenehme Zusammenarbeit.

Caputh und Köln, im August 2016

Tatjana Lange
Karl Mosler

Inhaltsverzeichnis

1 Wozu Statistik? 1
    1.1   Statistik in der Betriebs- und Volkswirtschaftslehre 2
    1.2   Statistik und Stochastik in Naturwissenschaft und Technik 2

2 Elementare Datenanalyse 5
    2.1   Merkmale und Skalenniveaus 6
    2.2   Auswertung beliebig skalierter Daten 6
    2.3   Auswertung mindestens ordinal skalierter Daten 7
    2.4   Auswertung metrisch skalierter Daten 9
    2.5   Gemeinsame Auswertung mehrerer Merkmale 14
    2.6   Auswertung von Zeitreihendaten 14
    2.7   Datenquellen 16
    2.8   Schlüsselfragen der Datenanalyse 17

3 Zufallsvorgänge und Wahrscheinlichkeiten 19
    3.1   Ergebnisse und Ereignisse 20
    3.2   Wahrscheinlichkeiten 22
    3.3   Bedingte Wahrscheinlichkeiten und Unabhängigkeit 24
    3.4   Wiederholung der wichtigsten Rechenregeln für Wahrscheinlichkeiten . 27

4 Zufallsgrößen und Verteilungen 29
    4.1   Verteilung einer Zufallsgröße 30
    4.2   Parameter einer Verteilung 32
    4.3   Diskrete gemeinsame Verteilungen 36
    4.4   Gemeinsame stetige Verteilungen 37
    4.5   Kovarianz und Korrelation 38
    4.6   Summen von Zufallsgrößen 40
    4.7   Stochastische Prozesse 40
    4.8   Unabhängige und identisch verteilte Zufallsgrößen 41
    4.9   Wahrscheinlichkeit und Häufigkeit (Gesetz der großen Zahlen) 42

5 Spezielle Verteilungen 45
    5.1   Spezielle diskrete Verteilungen 46
    5.2   Spezielle stetige Verteilungen 50

6 Normalverteilung und zentraler Grenzwertsatz ... 55
6.1 Gauß-Verteilung (Normalverteilung) ... 56
6.2 Standardisierung und Quantile einer Gauß-Verteilung ... 57
6.3 Zentraler Grenzwertsatz ... 60

7 Schließende Statistik – Schätzen ... 63
7.1 Zufallsstichprobe und Wahrscheinlichkeitsmodell ... 64
7.2 Punktschätzung ... 64
7.3 Schätzung einer Wahrscheinlichkeit ... 66
7.4 Schätzer für spezielle Verteilungen ... 67
7.5 Intervallschätzung ... 68
7.6 Konfidenzintervall für einen Erwartungswert bei bekannter Varianz ... 68
7.7 Konfidenzintervall für einen Erwartungswert bei unbekannter Varianz ... 70
7.8 Konfidenzintervall für die Varianz einer Normalverteilung ... 71

8 Schließende Statistik – Testen ... 75
8.1 Test über eine Wahrscheinlichkeit bei einfacher Alternative ... 76
8.2 Tests bei zusammengesetzter Alternative ... 78
8.3 Tests über einen Erwartungswert ... 78
8.4 Tests über einen Anteil ... 81
8.5 Tests über eine Varianz ... 82
8.6 Zusammenfassung der Tests für μ und σ^2 ... 83

9 Regressionsanalyse ... 85
9.1 Einfache lineare Regression ... 86
9.2 Bestimmtheitsmaß ... 87
9.3 Regression mit Zufallsgrößen ... 88
9.4 Prognose aufgrund einer linearen Regression ... 91
9.5 Mehrfache Regression ... 91

Anhang A – Ausgewählte mathematische Grundlagen ... 93

Anhang B – Tabellen ... 103

Ergänzende Lehrbücher ... 111

Sachverzeichnis ... 113

Wozu Statistik?

Warum sollte die Kauffrau Methoden der Datenanalyse kennen?

Wozu braucht der Ingenieur Statistik und Stochastik?

In welchen naturwissenschaftlichen Disziplinen kommen Wahrscheinlichkeitsrechnung und statistische Methoden zum Einsatz?

1.1   Statistik in der Betriebs- und Volkswirtschaftslehre   2

1.2   Statistik und Stochastik in Naturwissenschaft und Technik   2

Warum befasst sich ein Studierender der Betriebswirtschaftslehre mit Statistik? Warum ein Studierender der Ingenieur- oder Naturwissenschaften? Nur weil es zum Pflichtprogramm des Studiums gehört?

Was nützt es einem angehenden Kaufmann oder einer angehenden Kauffrau, Methoden der Datenanalyse und Wahrscheinlichkeitsrechnung zu kennen?

Der Kaufmann rechnet; und wenn er sich zu sehr verrechnet, ist er pleite! Damit das nicht passiert,

- beobachtet er den Markt,
- kalkuliert er künftige Preise,
- prognostiziert er Nachfrage,
- schätzt er Risiken ein,
- tätigt er Investments,
- schließt er Versicherungen ab

und vieles mehr. Für alle diese Tätigkeiten brauchen Kauffrau und Kaufmann Grundkenntnisse der Wahrscheinlichkeitsrechnung und Statistik.

An einem Markt geht es darum abzuschätzen, wie sich Nachfrage und Preise entwickeln.

Um die künftigen Preise bestimmter Güter und Dienstleistungen vorherzubestimmen, braucht man Daten über bisherige Marktpreise und eine Methode, diese Preise in die Zukunft fortzusetzen. Dafür stellt die Statistik spezielle Verfahren zur Verfügung, etwa solche, mit denen man eine beobachtete Zeitreihe von Preisen extrapoliert, das heißt geeignet in die Zukunft fortsetzt, oder auch Prozeduren, mit denen man die Entwicklung eines Preises durch die anderer Größen erklärt. Solche und viele weitere Methoden der Datenanalyse werden in diesem Buch behandelt.

1.1 Statistik in der Betriebs- und Volkswirtschaftslehre

„Prognosen sind eine schwierige Sache; vor allem, wenn sie die Zukunft betreffen", soll bereits Mark Twain (1835–1910) gesagt haben. Prognosen sind naturgemäß unsicher. Was man versuchen kann, ist, den Grad der Unsicherheit einer konkreten Prognose zu bestimmen. Hier hilft die Wahrscheinlichkeitsrechnung: Sie erlaubt es, die Wahrscheinlichkeit der Abweichung von einer Zielgröße zu bestimmen und die Streuung des Prognosefehlers als Maß der Unsicherheit zu berechnen.

Der Kurs „Statistik für BWL" und dieses Buch handeln vornehmlich von den **Methoden der Statistik** und den darin verwendeten Wahrscheinlichkeitsmodellen. Das Wort „Statistik" bedeutet jedoch sehr viel mehr. Es bezeichnet

- das Ergebnis einer Datenerhebung und -auswertung (etwa die Arbeitslosenstatistik des Monats Oktober 2016),
- die entsprechende Aktivität einer Datenerhebung und -auswertung,
- die Gesamtheit der mit dieser Aktivität befassten Institutionen (also des Statistischen Bundesamtes, der Landesämter usw.),
- die mathematische Statistik und die statistische Methodenlehre.

Auch wenn es in diesem Buch vor allem um statistische Methoden geht, die übrigen Teile der Statistik, insbesondere die Aspekte der Datenerhebung, sind für den Anwender ebenfalls von größter Bedeutung. Dies wird wiederum am Beispiel eines Marktpreises klar: Der Preis eines Gutes wird in einer bestimmten Zeitperiode aufgrund von ausgewählten Kaufaktionen erhoben; berichtet wird in der Regel ein mittlerer Wert der dabei beobachteten Preise. Wer nun als Anwender mit diesem berichteten Preis rechnen will, muss prüfen, ob sich der Preis wirklich auf das von ihm betrachtete Gut bezieht und ob die Auswahl repräsentativ für seinen relevanten Markt ist. Dies gilt generell für statistische Daten: Wer sie verwendet, muss als Erstes überlegen, was diese Zahlen wirklich messen, ob sie sich auf den infrage stehenden Begriff beziehen und auf welche Gesamtheit sie zu verallgemeinern sind.

Die täglichen Nachrichten liefern Aussagen über das allgemeine Wirtschaftsgeschehen, die von Wirtschaftsforschungsinstituten und einzelnen Wissenschaftlern getätigt werden, etwa über die Konjunktur, die Arbeitslosigkeit, den Export oder die Finanzmärkte. Um als Kaufmann solche Aussagen zu verstehen und ggf. sein Handeln daran zu orientieren, muss man ihre Tragweite beurteilen können: Auf welchen ökonomischen Modellannahmen, welchen Daten und welchen Statistiken stützen sich die Aussagen?

Neben ihrer Rolle in den statistischen Methoden ist die Wahrscheinlichkeitsrechnung für den Betriebswirt von eigener Bedeutung: Bei einer Investment- oder Kreditentscheidung entsteht das Risiko, dass eingesetztes Geld verloren geht. Dieses Risiko kann mithilfe der Wahrscheinlichkeitsrechnung quantifiziert werden, um es dann durch eine entsprechende Kapitalreserve abzusichern. Etwa im Bereich der Banken sind solche Risikoberechnungen gesetzlich vorgeschrieben.

1.2 Statistik und Stochastik in Naturwissenschaft und Technik

Warum nützt dieses Buch auch der angehenden Ingenieurin oder dem angehenden Naturwissenschaftler? Moderne Naturwissenschaften und Technik sind ohne Statistik und Stochastik ganz und gar nicht denkbar. Nicht nur für die Erklärung und Beschreibung von zufälligen Ereignissen und stochastischen Prozessen sowie ihre Berechnung, sondern auch als Anstoß ganzer Technikrichtungen wie z. B. der Kolloidchemie oder der Korrelationstechnik.

Das hier dargestellte Basiswissen ist für die Einarbeitung in solche Spezialgebiete der Naturwissenschaften und der sich schnell entwickelnden Technik unentbehrlich.

Abb. 1.1 zeigt einen Entwicklungsbaum der Anwendung stochastischer Prozesse in einigen Gebieten der Naturwissenschaft und Technik.

Die Methoden der Statistik sind universell. Sie gelten in allen Wissensgebieten, in denen empirisch gearbeitet wird, also aus Daten Schlüsse gezogen werden. Obgleich sich dieses Büchlein

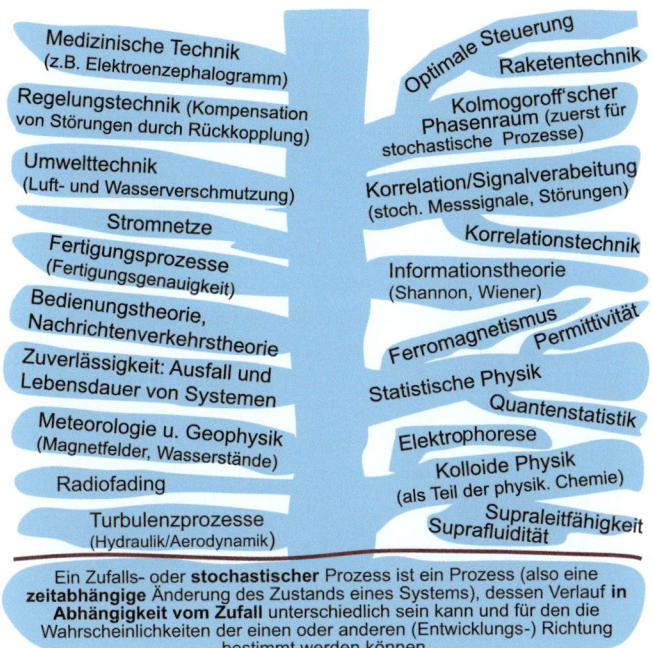

Abb. 1.1 Anwendungen stochastischer Prozesse in Naturwissenschaft und Technik

hauptsächlich an Studierende der Betriebswirtschaftslehre und der Technikwissenschaften richtet, kann es auch für Mediziner und Biologen nützlich sein. So helfen Statistik und Wahrscheinlichkeitsrechnung beispielsweise in der medizinischen und biologischen Forschung beim Nachweis der Wirksamkeit von Substanzen, der Risikoabschätzung von Impfungen und der Genanalyse.

Die folgenden Kapitel stellen in kompakter und anschaulicher Form die Grundlagen der wichtigsten statistischen Methoden bereit.

Elementare Datenanalyse

Was messen Daten?

Worauf bezieht sich eine statistische Aussage?

Wie stellt man Daten übersichtlich dar?

Wie charakterisiert man Lage und Streuung von Daten?

2.1 Merkmale und Skalenniveaus 6
2.2 Auswertung beliebig skalierter Daten 6
2.3 Auswertung mindestens ordinal skalierter Daten 7
2.4 Auswertung metrisch skalierter Daten 9
2.5 Gemeinsame Auswertung mehrerer Merkmale 14
2.6 Auswertung von Zeitreihendaten 14
2.7 Datenquellen 16
2.8 Schlüsselfragen der Datenanalyse 17

Statistik heißt, *aus Daten Schlüsse zu ziehen.* Am Anfang einer solchen Analyse steht die

- Inspektion,
- Beschreibung und
- Visualisierung

der zu untersuchenden Daten. Die Inspektion bezieht sich insbesondere auf die Vollständigkeit der Daten und das etwaige Vorhandensein von Ausreißern. Gegebenenfalls sind die Daten zu bereinigen und aufzubereiten, indem man fehlende Daten ergänzt bzw. die Stichprobe verkleinert. Beschrieben werden die Daten durch die Häufigkeiten bestimmter Merkmalswerte sowie durch empirische Kenngrößen wie Mittelwert, Streuung und Schiefe. Man visualisiert die Daten durch Häufigkeitsdiagramme, Histogramme und empirische Verteilungsfunktionen. Zeitreihendaten werden im Zeitablauf graphisch dargestellt und dabei geeignet geglättet. Diese und verwandte Methoden fasst man unter dem Begriff **Deskriptive Statistik** oder **Beschreibende Statistik** zusammen. Ziel der Deskriptiven Statistik ist es, die Daten so zu präsentieren, dass man erste Schlüsse daraus ziehen und entscheiden kann, welche höheren statistischen Methoden zur weiteren Analyse in Frage kommen.

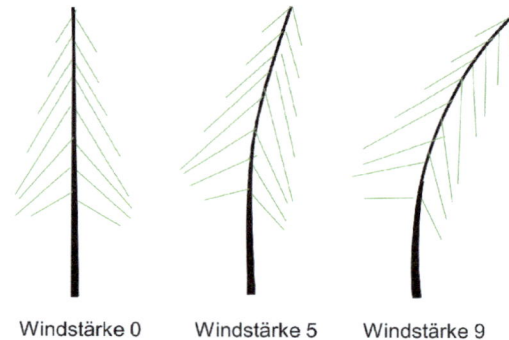

Abb. 2.1 Beispiel einer Ordinalskala

Abb. 2.2 Beispiel einer Intervallskala

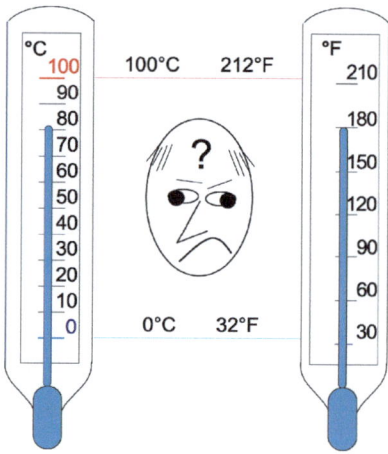

2.1 Merkmale und Skalenniveaus

Wir betrachten Daten über ein oder mehrere Merkmale in einer Grundgesamtheit. Die **Grundgesamtheit** ist die Gesamtheit aller Einheiten, auf die sich eine statistische Erhebung bezieht. Sie wird mit G bezeichnet. Ein **Merkmal** ist eine Eigenschaft, auf die sich eine statistische Erhebung bezieht. Merkmale werden mit Großbuchstaben bezeichnet: X, Y usw.

Jedes Merkmal hat verschiedene mögliche **Ausprägungen**. Diesen werden Zahlen als Merkmalswerte zugeordnet. Die Zuordnung nennt man **Skala**.

Man unterscheidet folgende *Skalenniveaus*:

- **Nominalskala**: Die Merkmalswerte haben nur Bezeichnungsfunktion. Verschiedenen Merkmalsausprägungen sind verschiedene, aber ansonsten beliebige Zahlen zugeordnet. *Beispiel:* Parteipräferenz.
- **Ordinalskala**: Zwischen den Merkmalswerten gibt es eine natürliche Ordnung. Die zugeordneten Zahlen spiegeln diese Ordnung wider; ansonsten sind sie beliebig. *Beispiel:* Windstärke (siehe Abb. 2.1).
- **Intervallskala**: Differenzen zwischen Merkmalswerten sind vergleichbar. Die Intervallskala ist lediglich bis auf Maßeinheit und Nullpunkt eindeutig bestimmt. *Beispiel:* Temperatur (siehe Abb. 2.2).
- **Verhältnisskala (Quotientenskala)**: Differenzen und Verhältnisse zwischen Merkmalswerten sind vergleichbar. Die Verhältnisskala hat einen natürlichen Nullpunkt und ist bis auf die Wahl der Maßeinheit eindeutig bestimmt. *Beispiel:* Umsatz.
- **Absolutskala**: Die Absolutskala hat einen natürlichen Nullpunkt und eine natürliche Einheit; sie ist eindeutig bestimmt. *Beispiel:* Kinderzahl.

Metrisch (oder auch **kardinal**) heißt eine Skala, wenn sie mindestens Intervallniveau besitzt, d. h. es sich um eine Intervall-, Verhältnis- oder Absolutskala handelt.

Achtung Vom Skalenniveau der Daten hängt es ab, *welche statistischen Methoden sinnvoll* angewandt werden können! Beispielsweise macht es Sinn, eine *mittlere Temperatur* zu berechnen, aber keine *mittlere Parteipräferenz* oder *mittlere Windstärke*. ◂

2.2 Auswertung beliebig skalierter Daten

Wir betrachten ein Merkmal X in einer Grundgesamtheit G. Beobachtet seien bei n **Merkmalsträgern** (**statistischen Einheiten**) die Werte $X_1, \ldots X_n$. Zu einem nominal, d. h. beliebig, skalierten Merkmal X zählt man, wie häufig die verschiedenen Werte auftreten. Die Anzahl verschiedener Werte sei J, und sie seien mit $\xi_1, \xi_2, \ldots, \xi_J$ bezeichnet. Man unterscheidet:

- n_j = Anzahl der Daten mit Merkmalswert ξ_j (**absolute Häufigkeit** von ξ_j),
- $f_j = \frac{n_j}{n}$ = Anteil der Daten mit Merkmalswert ξ_j (**relative Häufigkeit** von ξ_j).

Die relativen und absoluten Häufigkeiten listet man in Tabellen. Anschaulicher stellt man sie durch verschiedenste Diagramme dar, etwa durch Säulen-, Kreis- und Ringdiagramme.

2.2.1 Säulendiagramm und Balkendiagramm

- Die Höhe der Säulen misst entweder die absoluten oder die relativen Häufigkeiten des Merkmals.
- Um mehrere Häufigkeitsverteilungen (etwa bezüglich unterschiedlicher Zeiten) zugleich darzustellen, kann man die Säulen staffeln (siehe Abb. 2.3).
- Ein Balkendiagramm ist ein in die Waagerechte gedrehtes Säulendiagramm.

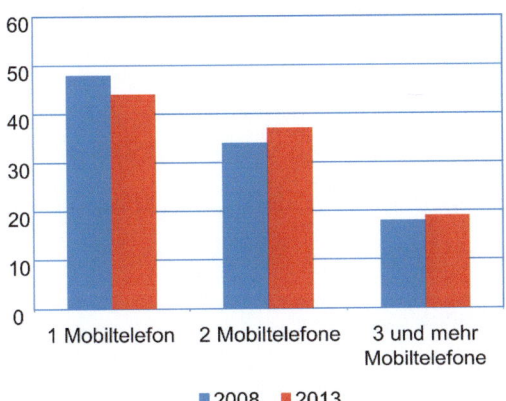

Abb. 2.3 Beispiel eines Säulendiagramms. Private Haushalte mit Mobiltelefonen. Quelle: Statistisches Jahrbuch 2014

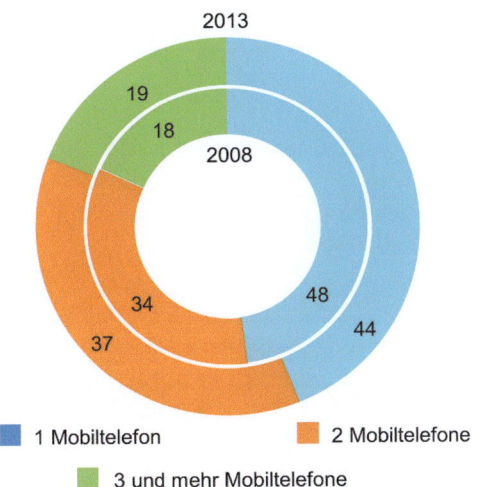

Abb. 2.4 Beispiel eines Ringdiagramms. Private Haushalte mit Mobilfontelefonen. Quelle: Statistisches Jahrbuch 2014

2.2.2 Kreisdiagramm und Ringdiagramm

- Beim **Kreisdiagramm** sind die Winkel der Sektoren den Häufigkeiten proportional. Es eignet sich besonders zur Darstellung von *Anteilswerten*.
- Das **Ringdiagramm** besteht statt des Kreises aus einem Ring. Ringdiagramme lassen sich schachteln, um mehrere Häufigkeitsverteilungen in einem Diagramm darzustellen (siehe Abb. 2.4).

2.3 Auswertung mindestens ordinal skalierter Daten

Haben die Daten $X_1, \ldots X_n$ *Ordinalniveau*, so lassen sie sich ordnen. Wir sortieren sie in aufsteigender Reihenfolge $X_{(1)} \leq X_{(2)} \leq \ldots \leq X_{(n)}$. Dabei bezeichnet $X_{(1)}$ die kleinste beobachtete Zahl, $X_{(2)}$ die zweitkleinste usw.

2.3.1 Empirische Verteilungsfunktion

Die relative Häufigkeit des Ereignisses $\{X_i \leq x\}$ ergibt die (**empirische**) **Verteilungsfunktion** an der Stelle x:

Definition

$$F_n(x) = \frac{1}{n} \cdot \text{Anzahl der } i \text{ mit } X_i \leq x. \quad (2.1)$$

F_n ist eine *nichtfallende Treppenfunktion*. Sie hat Sprünge nur an den Stellen, an denen Datenpunkte liegen:

$$\text{Sprunghöhe bei } x = \frac{\text{Anzahl der Daten mit Wert } x}{n}.$$

B 2.1 Verteilungsfunktion Körpergewicht

Das Gewicht von 20 Personen wird gemessen. Die Messergebnisse sind:

79 kg	87 kg	74 kg	71 kg	63 kg
102 kg	94 kg	68 kg	66 kg	83 kg
72 kg	85 kg	91 kg	74 kg	76 kg
78 kg	68 kg	81 kg	74 kg	79 kg

Jetzt ordnen wir die Ergebnisse nach aufsteigenden Werten:

63 kg	66 kg	**68 kg**	**68 kg**	71 kg
72 kg	**74 kg**	**74 kg**	**74 kg**	76 kg
78 kg	**79 kg**	**79 kg**	81 kg	83 kg
85 kg	87 kg	91 kg	94 kg	102 kg

Daraus ergibt sich die in Abb. 2.5 dargestellte Verteilungsfunktion.

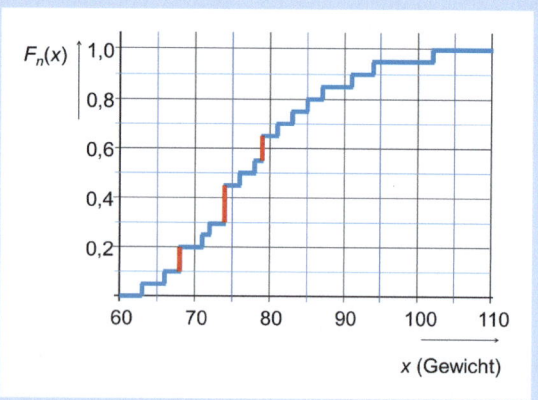

Abb. 2.5 Verteilungsfunktion Körpergewicht

2.3.2 Empirischer Median

Der (empirische) **Median** teilt die sortierte Datenfolge in zwei Teile, wobei beide Teile die gleiche Anzahl von Datenpunkten beinhalten.

Definition

$$m_X = \begin{cases} X_{(r)} & \text{mit } r = \frac{n+1}{2}, & \text{falls } n \text{ ungerade,} \\ X_{(r)} & \text{mit } r = \frac{n}{2}, & \text{falls } n \text{ gerade.} \end{cases} \quad (2.2)$$

B 2.2 Median

1. Bestimmung des empirischen Medians für die Daten 1, 3, 5, 6, 7, 8, 10 (Abb. 2.6):

$$n = 7, \quad r = \frac{7+1}{2} = 4, \quad \text{med}_X = X_{(4)} = 6.$$

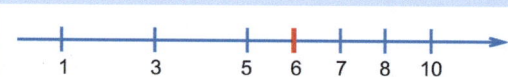

Abb. 2.6 Empirischer Median zu 1.

2. Bestimmung des empirischen Medians für die Daten 1, 3, 5, 6, 7, 8 (Abb. 2.7):

$$n = 6, \quad r = \frac{6}{2} = 3, \quad \text{med}_X = X_3 = 5.$$

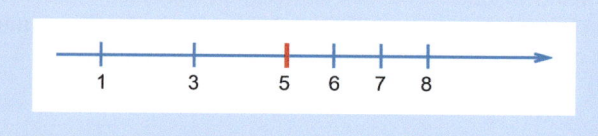

Abb. 2.7 Empirischer Median zu 2.

2.3.3 Empirisches α-Quantil

Das (empirische) **α-Quantil** q_α trennt die Beobachtungen in einen unteren Anteil der Größe α und einen oberen Anteil der Größe $1 - \alpha$. Genauer: Es ist die kleinste Beobachtung, die nach links mindestens den Anteil α aller Beobachtungen abtrennt, d. h. dass links von X_i (wobei X_i eingeschlossen ist) mindestens $(\alpha \cdot n)$ Beobachtungen liegen. Es wird definiert durch folgende Formel:

Definition

$$q_\alpha = \begin{cases} X_{(\lceil \alpha \cdot n \rceil)}, & \text{falls } \alpha \cdot n \text{ keine ganze Zahl ist.} \\ X_{(\alpha \cdot n)}, & \text{falls } \alpha \cdot n \text{ eine ganze Zahl ist.} \end{cases} \quad (2.3)$$

Dabei bezeichnet $\lceil \alpha \cdot n \rceil$ die zu $\alpha \cdot n$ nächstgrößere ganze Zahl.

B 2.3 Quantile

1. Wir berechnen das 0,2-Quantil ($\alpha = 0,2$) der Daten 1, 3, 5, 6, 7, 8, 10 (siehe Abb. 2.8):

$$n = 7; \quad \alpha = 0,2; \quad \alpha \cdot n = 1,4; \quad \lceil \alpha \cdot n \rceil = 2;$$
$$q_{0,2} = X_{\lceil 1,4 \rceil} = X_2 = 3.$$

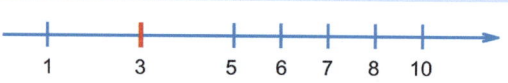

Abb. 2.8 0,2-Quantil der Daten 1, 3, 5, 6, 7, 8, 10

2. Wir berechnen das 0,2-Quantil ($\alpha = 0,2$) der Daten 5, 6, 7, 8, 10 (Abb. 2.9):

$$n = 5; \quad \alpha = 0,2; \quad \alpha \cdot n = 1; \quad q_{0,2} = X_{(\alpha \cdot n)} = X_1 = 5.$$

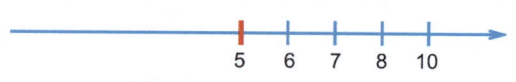

Abb. 2.9 0,2-Quantil der Daten 5, 6, 7, 8, 10

Bemerkung: $q_{0,2}$ heißt auch **unteres Quintil** (mit „i"), da es das untere Fünftel der Daten abtrennt.

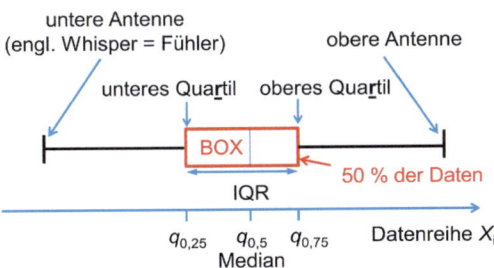

Abb. 2.10 Box-Whisker-Plot

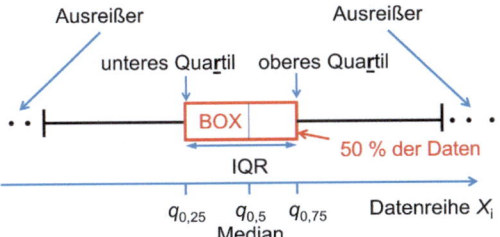

Abb. 2.11 Box-Whisker-Plot mit Ausreißern

2.3.4 Box-Whisker-Plot

Den **Box-Whisker-Plot** verwendet man zur übersichtlichen Beschreibung eines Datensatzes, insbesondere bezüglich seiner Lage und Streuung (Abb. 2.10).

- 50 % der Daten liegen in der Box.
- 25 % der Daten liegen links neben der Box.
- 25 % der Daten liegen rechts neben der Box.

Die Länge der „Antennen" ist nicht einheitlich festgelegt. John W. Tukey empfiehlt eine Antennenlänge von $1{,}5 \times$ IQR (*interquartile range*; Interquartalsabstand), wie in Abb. 2.11 gezeigt. Daten, die links bzw. rechts von den Antennenenden liegen, nennt er dann **Ausreißer**.

2.4 Auswertung metrisch skalierter Daten

Wenn die Daten mindestens intervallskaliert sind, ist es möglich, **Histogramme** zu zeichnen, **Mittelwerte** zu bilden und weitere Rechenoperationen durchzuführen.

2.4.1 Histogramm

Mit einem **Histogramm** lässt sich die Verteilung der Daten grafisch veranschaulichen. Dazu zerlegen wir den Wertebereich der Daten in disjunkte Intervalle $I_1, I_2, \ldots, I_k$, so genannte Bins. Sei λ_j die Länge des Intervalls I_j und bezeichne H_j die Anzahl der Daten, die in das Intervall fallen. Über jedem Intervall I_j ($j = 1, 2, \ldots, k$) wird ein *Rechteck der Breite* λ_j und der *Höhe* H_j/λ_j gezeichnet. Die *Fläche* des Rechtecks ist dann *gleich der absoluten Häufigkeit* $\lambda_j \cdot (H_j/\lambda_j) = H_j$.

Statt mit den absoluten Häufigkeiten zeichnet man das Histogramm auch mit den *relativen Häufigkeiten* $h_1, \ldots, h_k$, wobei $h_i = H_i/n$. Dann sind die Flächen gleich den relativen Häufigkeiten. Dies entspricht lediglich einer Umskalierung der Ordinatenachse mit dem Faktor $1/n$.

Häufig verwendet man, wie in Beispiel 2.4, *Intervalle gleicher Länge* λ für das Histogramm. In diesem Fall ist nicht nur die Fläche der Balken gleich der (absoluten bzw. relativen) Häufigkeit, sondern auch die *Höhe proportional* dazu.

Achtung Die Fläche eines Rechtecks ist zur Häufigkeit proportional, die Höhe im Allgemeinen jedoch nicht. ◂

Zwei Fälle sind zu unterscheiden: Die Höhe der Balken ist gleich

1. $\dfrac{\text{absolute Häufigkeit}}{\text{Intervallbreite}} = \dfrac{H_j}{\lambda}$,

B 2.4 Histogramm

Wir konstruieren ein Histogramm der absoluten Häufigkeiten der Daten aus Beispiel 2.1 (Abb. 2.12).

Gewicht von 20 Personen, aufsteigend sortiert:

63 kg	66 kg	68 kg	68 kg	71 kg
72 kg	74 kg	74 kg	74 kg	76 kg
78 kg	79 kg	79 kg	81 kg	83 kg
85 kg	87 kg	91 kg	94 kg	102 kg

Intervallbreite: $\lambda = 5$

Intervall-Nr. j	1	2	3
Intervall [kg]	61–65	66–70	71–75
Anzahl der „Treffer" H_j	1	3	5
Intervall-Nr. j	4	5	6
Intervall [kg]	76–80	81–85	86–90
Anzahl der „Treffer" H_j	4	3	1
Intervall-Nr. j	7	8	9
Intervall [kg]	91–95	96–100	101–105
Anzahl der „Treffer" H_j	2	0	1

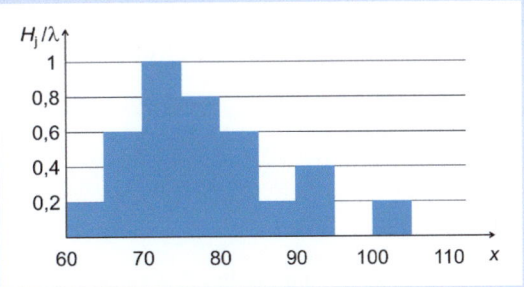

Abb. 2.12 Histogramm der absoluten Häufigkeiten (zu Beispiel 2.1) ◂

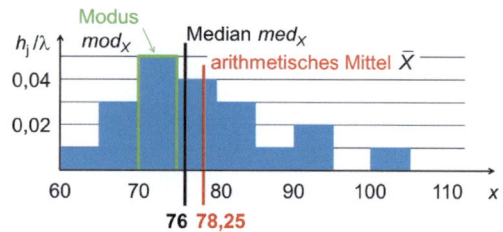

Abb. 2.13 Histogramm der relativen Häufigkeiten (zu Beispiel 2.1) (1)

2. $\dfrac{\text{relative Häufigkeit}}{\text{Intervallbreite}} = \dfrac{h_j}{\lambda} = \dfrac{H_j}{n\lambda}$.

Beim Histogramm der relativen Häufigkeiten (Abb. 2.13) gilt:

- Die **Fläche** des Balkens über dem Intervall I_j ist gleich der relativen Häufigkeit h_j.
- Die **Summe der Flächen** aller Balken ist gleich eins.
- Das zum höchsten Rechteck gehörige Intervall bezeichnet man als **Modus** mod_X des Histogramms; die zugehörige Häufigkeit ist der **Modalwert**.
- Die Verbindung der Mittelpunkte der oberen Kanten nennt man **Häufigkeitspolygon**.

Median, arithmetisches Mittel und Modus sind im Allgemeinen verschieden. Meistens gilt (wie in Abb. 2.13) eine der beiden Reihenfolgen:

$$\text{mod}_X \leq \text{med}_X \leq \overline{X} \quad \text{oder} \quad \overline{X} \leq \text{med}_X \leq \text{mod}_X. \quad (2.4)$$

B 2.5 Median und Quantile

Wir berechnen den empirischen Median und das 0,8-Quantil der Daten aus Beispiel 2.1.

Gewicht von 20 Personen, aufsteigend sortiert:

X_1	X_2	X_3	X_4	X_5
63 kg	66 kg	68 kg	68 kg	71 kg
X_6	X_7	X_8	X_9	X_{10}
72 kg	74 kg	74 kg	74 kg	76 kg
X_{11}	X_{12}	X_{13}	X_{14}	X_{15}
78 kg	79 kg	79 kg	81 kg	83 kg
X_{16}	X_{17}	X_{18}	X_{19}	X_{20}
85 kg	87 kg	91 kg	94 kg	102 kg

1. Empirischer Median (Abb. 2.13)

$$\text{med}_X = \begin{cases} X_{(r)} & \text{mit } r = \frac{n+1}{2}, \text{ falls } n \text{ ungerade,} \\ X_{(r)} & \text{mit } r = \frac{n}{2}, \text{ falls } n \text{ gerade.} \end{cases}$$

Hier:

$$n = 20 \to r = 10; \quad m_X = X_{10} = 76 \,[\text{kg}].$$

2. 0,8-Quantil (Abb. 2.14)

$$q_\alpha = \begin{cases} X_{(\lceil \alpha \cdot n \rceil)}, & \text{falls } \alpha \cdot n \text{ keine ganze Zahl ist,} \\ X_{(\alpha \cdot n)}, & \text{falls } \alpha \cdot n \text{ eine ganze Zahl ist.} \end{cases}$$

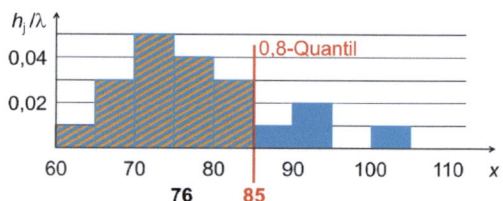

Abb. 2.14 Histogramm der relativen Häufigkeiten (zu Beispiel 2.1) (2)

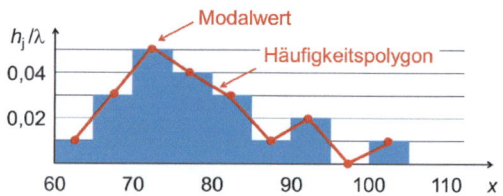

Abb. 2.15 Histogramm der relativen Häufigkeiten (zu Beispiel 2.1) (3)

Hier:

$$\alpha = 0{,}8; \quad n = 20 \to q_{0{,}8} = X_{16} = 85\,[\text{kg}].$$

Aussage des 0,8-Quantils: „80 % der gemessenen Körpergewichte sind kleiner oder gleich 85 kg."

Abb. 2.15 zeigt ergänzend den Modalwert und das Häufigkeitspolygon für dieses Beispiel. ◀

Entscheidend für die Gestalt des Histogramms ist die *Wahl der Intervallbreite* λ. In Anwendungen wählt man λ so, dass das Histogramm nicht „zu unruhig" erscheint. Wenn λ zu klein gewählt wird, sieht es wie ein Kamm mit unregelmäßigen Zinken aus. Wenn λ sehr groß ist, besteht das Histogramm aus einem einzigen breiten Rechteck.

2.4.2 Empirische Parameter

Oft genügt es, die Daten durch eine oder mehrere aussagekräftige Zahlen, so genannte **empirische Parameter**, zu beschreiben.

Arithmetisches Mittel

Das **arithmetische Mittel** $\overline{X}$ beschreibt die Lage der Daten auf der Zahlengeraden:

Definition

$$\overline{X} = \frac{1}{n}(X_1 + X_2 \ldots + X_n) = \frac{1}{n}\sum_{i=1}^{n} X_i. \quad (2.5)$$

Wir führen n Beobachtungen durch. Die n Ergebnisse $X_1, X_2, \ldots, X_n$ mögen J unterschiedliche Werte $\xi_1, \xi_2, \ldots \xi_J$ annehmen, und zwar mit den Häufigkeiten $H_1, H_2, \ldots, H_J$. Offenbar ist dabei $J \leq n$.

B 2.6 Arithmetisches Mittel

Wir berechnen das arithmetische Mittel beim wiederholten Würfeln.

Dies seien die Ergebnisse X_i von zehn Würfen eines Würfels:

$$X_1 = 3, \ X_2 = 5, \ X_3 = 5, \ X_4 = 1, \ X_5 = 2,$$
$$X_6 = 4, \ X_7 = 6, \ X_8 = 1, \ X_9 = 5, \ X_{10} = 6.$$

Dann ist gemäß (2.5):

$$\overline{X} = \frac{1}{10} \sum_{i=1}^{10} X_i$$
$$= \frac{1}{10}(3 + 5 + 5 + 1 + 2 + 4 + 6 + 1 + 5 + 6)$$
$$= \frac{1}{10} 38 = \frac{38}{10}.$$

Den $J = 6$ möglichen Werten $1, 2, 3, 4, 5, 6$ ordnen wir nun die Häufigkeiten zu, mit denen sie aufgetreten sind:

j	1	2	3	4	5	6
η_j	1	2	3	4	5	6
H_j	2	1	1	1	3	2

Dann lässt sich das arithmetische Mittel auf eine zweite Art berechnen:

$$\overline{X} = \frac{1}{10} \sum_{j=1}^{6} H_j \xi_j$$
$$= \frac{1}{10}((2 \cdot 1) + (1 \cdot 2) + (1 \cdot 3) + (1 \cdot 4)$$
$$\qquad + (3 \cdot 5) + (2 \cdot 6))$$
$$= \frac{38}{10}.$$

◀

Für das arithmetische Mittel gelten allgemein folgende Formeln:

$$\overline{X} = \frac{1}{n} \sum_{i=1}^{n} X_i = \frac{1}{n} \sum_{j=1}^{J} H_j \xi_j = \sum_{j=1}^{J} h_j \xi_j.$$

Geometrisches Mittel

Ein weiterer Mittelwert ist das **geometrische Mittel** $\overline{X_g}$:

Definition

$$\overline{X_g} = \sqrt[n]{X_1 \cdot X_2 \cdot \ldots \cdot X_n}. \qquad (2.6)$$

Das geometrische Mittel ist nie größer als das arithmetische Mittel:

$$\overline{X_g} = \sqrt[n]{X_1 \cdot X_2 \cdot \ldots \cdot X_n} \leq \frac{1}{n} \sum_{i=1}^{n} X_i = \overline{X}.$$

Das geometrische Mittel wird verwendet, um den *mittleren Wert eines Faktors* zu beschreiben, etwa eines Zinsfaktors: Wenn ein Kapital in der Periode i mit dem Zinssatz p_i verzinst wird, so vermehrt es sich um den Faktor $r_i = 1 + p_i$. Nach n Perioden vermehrt es sich dann um den Faktor $r_1 \cdot r_2 \cdot \ldots \cdot r_n$. Das geometrische Mittel der Zinsfaktoren ist

$$\overline{r_g} = \sqrt[n]{r_1 \cdot r_2 \cdot \ldots \cdot r_n}, \qquad (2.7)$$

der zugehörige Zinssatz beträgt $p_{\text{const}} = \overline{r_g} - 1$. Das heißt, wenn das Kapital in jeder Periode mit dem *konstanten Zinssatz* p_{const} verzinst würde, erhielte man dasselbe Endkapital.

Empirische Varianz (= Stichprobenvarianz) und Standardabweichung

Arithmetisches Mittel, Median und Modus charakterisieren die Lage von Daten. Varianz und Standardabweichung beschreiben hingegen die Streuung der Daten.

Die (empirische) **Varianz** ist wie folgt definiert:

Definition

$$S_X^2 = \frac{1}{n} \sum_{i=1}^{n} (X_i - \overline{X})^2 = \frac{1}{n} \sum_{i=1}^{n} X_i^2 - \overline{X}^2. \qquad (2.8)$$

Die **Standardabweichung** ist gleich der Wurzel aus der Varianz:

Definition

$$S_X = \sqrt{\frac{1}{n} \sum_{i=1}^{n} (X_i - \overline{X})^2} = \sqrt{\frac{1}{n} \sum_{i=1}^{n} X_i^2 - \overline{X}^2}. \qquad (2.9)$$

Ebenso wie das arithmetische Mittel kann man auch die Varianz mithilfe der Häufigkeiten berechnen:

$$S_X^2 = \sum_{j=1}^{J} h_j (\xi_j - \overline{X})^2 = \sum_{j=1}^{J} h_j \xi_j^2 - \overline{X}^2.$$

Korrigierte empirische Varianz

Oft verwendet man die Varianz in „korrigierter" Form. Den Grund hierfür erfahren wir in ▶ Kap. 7. Die **korrigierte (empirische) Varianz** lautet:

Definition

$$S_X^{*2} = \frac{1}{n-1} \sum_{i=1}^{n} (X_i - \overline{X})^2$$
$$= \frac{1}{n-1} \left(\sum_{i=1}^{n} X_i^2 - n \cdot \overline{X}^2 \right). \quad (2.10)$$

Variationskoeffizient

Der **Variationskoeffizient** V_X misst, wie ungleich die Daten sind, ihre so genannte **Disparität**:

Definition

$$V_X = \frac{S_X}{\overline{X}}. \quad (2.11)$$

Wenn man alle Daten $X_1, X_2, \ldots, X_n$ mit demselben Faktor multipliziert, ändern sich Standardabweichung S_X und arithmetisches Mittel $\overline{X}$ um diesen Faktor. Der Variationskoeffizient bleibt dabei konstant; er ist skaleninvariant.

Wenn man alle Daten um eine Konstante verschiebt oder alle Daten mit demselben Faktor multipliziert, geschieht das Gleiche mit dem arithmetischen Mittel, ebenso mit dem Median und dem Modus; man bezeichnet diese Parameter deshalb als Lageparameter.

Hingegen sind Standardabweichung und Varianz invariant gegen eine konstante Verschiebung der Daten. Werden die Daten mit einem Skalenfaktor multipliziert, so ändert sich die Standardabweichung mit diesem Faktor, sie ist ein so genannter Skalenparameter. Die Varianz ändert sich mit dem Faktor im Quadrat. Standardabweichung und Varianz sind Maße der Streuung.

Der Variationskoeffizient ist ein Maß der Disparität, d. h. der Ungleichheit. Er misst die Unterschiedlichkeit der Daten, ist dabei aber invariant gegen deren Skalierung. In vielen ökonomischen und anderen Anwendungen ist weniger die Streuung der Daten gefragt als ihre Disparität. Grafisch wird sie durch die Lorenz-Kurve (Abb. 2.16) dargestellt und durch den Variationskoeffizienten sowie den Gini-Koeffizienten gemessen.

Empirische Schiefe

Definition

$$\delta_X = \frac{\frac{1}{n} \sum_{i=1}^{n} (X_i - \overline{X})^3}{S_X^3}. \quad (2.12)$$

Die Schiefe δ_X ist invariant gegen Verschiebung und Skalierung; sie beträgt null, wenn die Daten **symmetrisch** zu einem Zentrum sind.

Lorenz-Kurve

Die **Lorenz-Kurve** ist ein grafisches Maß der **Disparität**.

B 2.7 Lorenz-Kurve

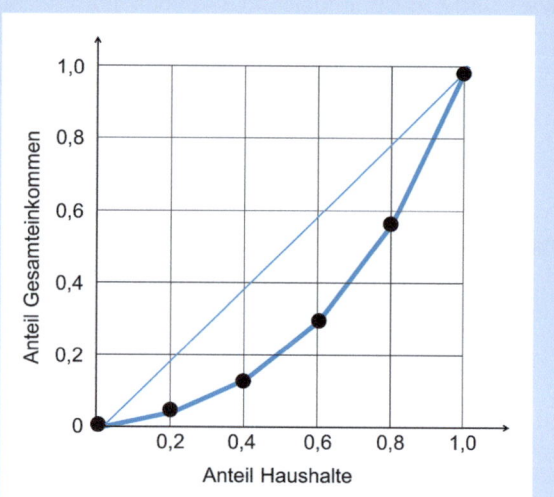

Abb. 2.16 Lorenzkurve des Haushaltseinkommens (fiktive Daten)

Abb. 2.16 zeigt:

- 20 % der ärmsten Haushalte haben 4 % des Einkommens aller Haushalte.
- 40 % der Haushalte (einschließlich der ersten 20 %) haben zusammen 12 % des Gesamteinkommens.
- 60 % aller Haushalte haben zusammen 28 % des Gesamteinkommens.
- 80 % aller Haushalte haben zusammen 58 % des Gesamteinkommens.
- Daraus erkennt man auch, dass die reichsten 20 % der Haushalte zusammen 42 % des Gesamteinkommens haben.

Je weiter sich die Lorenz-Kurve von der Diagonalen entfernt, desto größer ist die Disparität der Einkommen. Ist das Einkommen über alle Haushalte gleich verteilt, so liegt die Lorenz-Kurve genau auf der Diagonalen.

Konstruiert wird eine Lorenz-Kurve wie folgt:

- Gegeben seien n Daten $a_1, a_2, \ldots, a_n$, z. B. Exporte aus Deutschland in die Länder $i = 1, \ldots, n$ (siehe Tab. 2.1).
- Die Werte seien in aufsteigender Reihenfolge sortiert, $a_1 \leq a_2 \leq \ldots \leq a_n$.
- Wir berechnen für jedes $i = 1, \ldots, n$ folgende Wertepaare (siehe Tab. 2.2):

$$u_i = \frac{i}{n}, \quad v_i = \frac{1}{A} \sum_{j=1}^{i} a_j \quad \text{mit} \quad A = \sum_{i=1}^{n} a_i.$$

Dabei ist v_i der Anteil der i Länder mit dem geringsten deutschen Export am Gesamtexport.

2.4 Auswertung metrisch skalierter Daten

Tab. 2.1 Konstruktion der Lorenzkurve (1)

Merkmalsträger: Exporte in ...	Merkmalswert a_i
Belgien	30
Frankreich	54
Großbritannien	43
Italien	38
Norwegen	36
USA	44

Tab. 2.2 Konstruktion der Lorenzkurve (2)

i	u_i	Sortierte Merkmalswerte $a_{(i)}$	Anteilswerte $a_{(i)}/A$	Kumulierte Anteilswerte v_i
1	1/6	30	0,122	0,122
2	2/6	36	0,147	0,269
3	3/6	38	0,155	0,424
4	4/6	43	0,176	0,600
5	5/6	44	0,180	0,780
6	6/6	54	0,220	1,000

- Die u_i-Werte werden auf der x-Achse aufgetragen, die v_i-Werte auf der y-Achse.
- Schließlich werden die Punkte linear miteinander verbunden (Abb. 2.17).

Wenn alle Werte $a_1, a_2, \ldots, a_n$ gleich sind, gilt offenbar $v_i = i/n$, und die Lorenz-Kurve liegt auf der Diagonalen des Einheitsquadrats. Im Allgemeinen liegt die Lorenz-Kurve jedoch unterhalb der Diagonalen. Die Fläche zwischen der Lorenz-Kurve und der Diagonalen wird dann als **Lorenz-Fläche** bezeichnet (Abb. 2.18):

Definition

$$\text{Lorenz-Fläche} = \frac{n-1}{2n} - \frac{1}{n}\sum_{i=1}^{n-1} v_i. \quad (2.13)$$

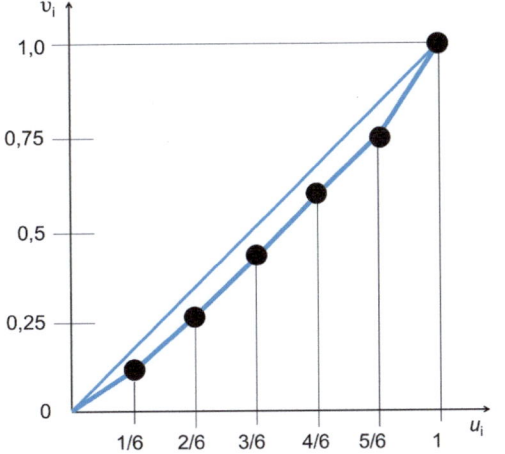

Abb. 2.17 Konstruktion der Lorenzkurve (3)

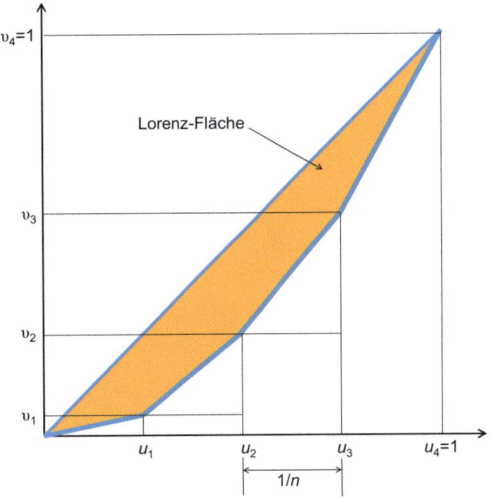

Abb. 2.18 Lorenzfläche

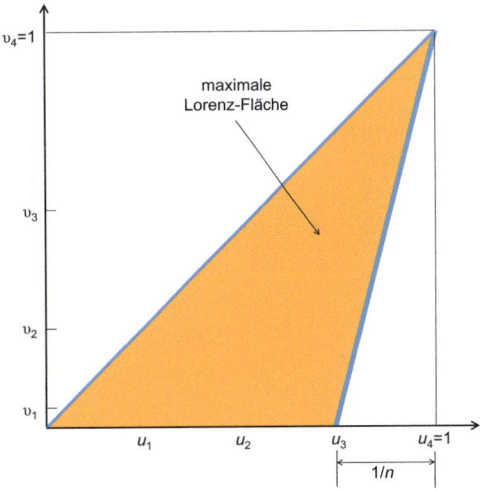

Abb. 2.19 Maximale Lorenzfläche

Die **maximale Lorenz-Fläche** ist gegeben, wenn $a_{(n)} = 1$ und $a_{(i)} = 0$ für $i = 1, 2, \ldots, n-1$ gilt, d. h. ein Merkmalsträger die gesamte Merkmalsumme auf sich vereint (Abb. 2.19):

$$\text{Maximale Lorenz-Fläche} = \frac{n-1}{2n}.$$

Gini-Koeffizient

Der **Gini-Koeffizient** κ ist gleich der zweifachen Lorenz-Fläche:

Definition

$$\kappa = 2 \times \text{Lorenz-Fläche} = \frac{n-1}{n} - \frac{2}{n}\sum_{i=1}^{n-1} v_i. \quad (2.14)$$

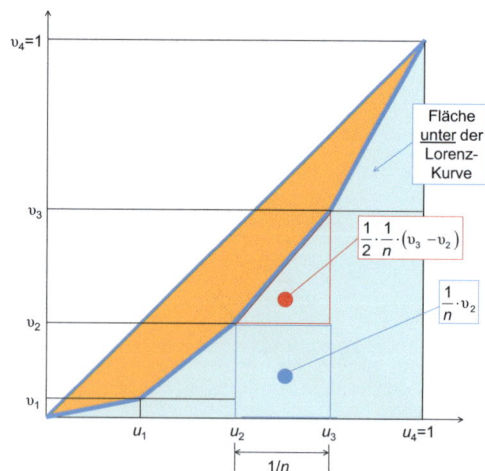

Abb. 2.20 Berechnung der Lorenzfläche

Der Gini-Koeffizient misst, wie weit die Lorenz-Kurve von der Diagonalen, d. h. die Verteilung der a_i von der Gleichverteilung abweicht. Je größer κ, umso höher die Disparität.

Durch Umformungen erhält man Formeln für κ, die zur Berechnung günstiger sind:

$$\kappa = \sum_{i=1}^{n} \frac{2i-n-1}{n} \frac{a_i}{A} = \frac{2}{n} \sum_{i=1}^{n} i \frac{a_i}{A} - \frac{n+1}{n}.$$

Herleitung der Formel (2.13) zur Berechnung der Lorenz-Fläche (Abb. 2.20):

$$\text{Lorenz-Fläche} = \frac{1}{2} - \text{Fläche unter der Lorenz-Kurve (FuL)}.$$

$$\begin{aligned}
\text{FuL} &= \frac{v_1}{2n} + \left(\frac{v_1}{n} + \frac{v_2 - v_1}{2n}\right) + \ldots \\
&\quad + \left(\frac{v_{n-1}}{n} + \frac{v_n - v_{n-1}}{2n}\right) \\
&= \frac{v_1}{2n} + \left(\frac{v_1 + v_2}{2n}\right) + \ldots + \left(\frac{v_{n-1} + v_n}{2n}\right) \\
&= \frac{v_1}{n} + \frac{v_2}{n} + \ldots + \frac{v_{n-1}}{n} + \frac{v_n}{2n} \\
&= \frac{1}{2n} + \frac{1}{n} \sum_{i=1}^{n-1} v_i.
\end{aligned}$$

Beachte: $v_n = 1$ und $\frac{v_2}{n} + \frac{(v_3 - v_2)}{2n} = \frac{v_2 + v_3}{2n}$

$$\text{Lorenz-Fläche} = \frac{1}{2} - \frac{1}{2n} - \frac{1}{n} \sum_{i=1}^{n-1} v_i = \frac{n-1}{2n} - \frac{1}{n} \sum_{i=1}^{n-1} v_i.$$

Tab. 2.3 Datentabelle für mehrere Merkmale

Objekt	Merkmale			
	Alter	Gewicht	Größe	Einkommen
Person 1	23	70	170	24.000
Person 2	47	63	150	33.345
Person 3	38	82	176	35.432
Person 4	55	93	173	40.234
Person 5	62	86	190	45.211

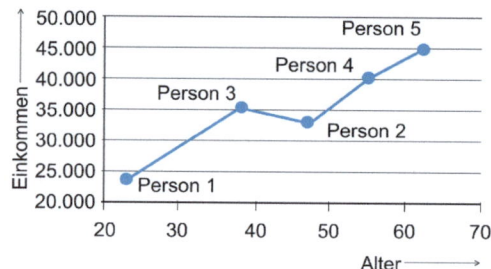

Abb. 2.21 Liniendiagramm zu Tab. 2.3

2.5 Gemeinsame Auswertung mehrerer Merkmale

Häufig werden nicht nur eines, sondern *mehrere Merkmale zugleich* beobachtet. Die Daten schreibt man dann in eine **Datenmatrix** oder **Datentabelle** (Tab. 2.3).

Die Zeilen der Matrix entsprechen den Merkmalsträgern, die Spalten den Merkmalen. Die Werte je zweier Merkmale X und Y (in Abb. 2.21 Alter und Einkommen) lassen sich im **Streudiagramm** veranschaulichen; ein etwaiger Zusammenhang wird darin durch ein Liniendiagramm oder einen anderen Graphen (linear oder nichtlinear) veranschaulicht.

Liniendiagramm

Die Werte **zweier** Merkmale werden in ein Koordinatensystem als Punkte eingezeichnet und durch gerade Linien verbunden (Abb. 2.21):

- erstes Merkmal → x-Achse,
- zweites Merkmal → y-Achse.

2.6 Auswertung von Zeitreihendaten

Wenn ein Merkmal X zu mehreren aufeinanderfolgenden Zeiten $t_1, t_2, \ldots, t_n$ (Zeitpunkte oder Perioden) beobachtet wurde, bezeichnet man die Daten als **Zeitreihe** und schreibt die Beobachtungen $X(t_1), X(t_2), \ldots, X(t_n)$ oder kurz $X_1, X_2, \ldots, X_n$.

Das Beispiel in Abb. 2.22 zeigt fünf solcher Zeitreihen: Anzahl der Arbeitslosen insgesamt sowie nach Geschlecht und Altersgruppe getrennt.

2.6 Auswertung von Zeitreihendaten

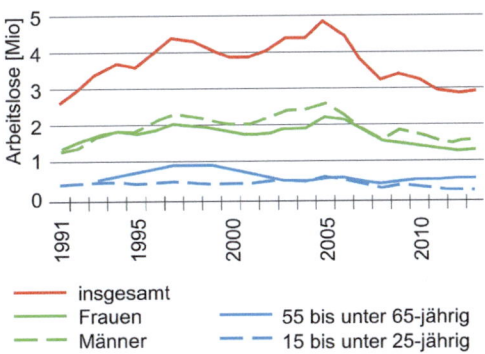

Abb. 2.22 Anzahl der Arbeitslosen (im Jahresdurchschnitt) in den Jahren 1991 bis 2013 ($n = 23$); Quelle: Statistisches Jahrbuch 2014

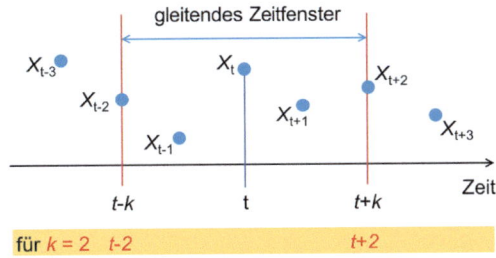

Abb. 2.23 Gleitendes Fenster

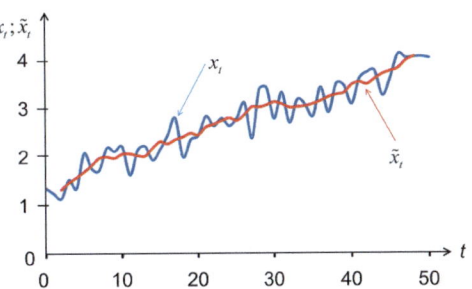

Abb. 2.24 Gleitende Mittelwerte (geglättete Kurve: *rot*)

Zuwachsfaktor und Zuwachsrate

Bei einer Zeitreihe interessiert uns vor allem, wie sich der Wert des Merkmals mit der Zeit ändert. Dies wird durch die Zuwachsfaktoren und die Zuwachsraten beschrieben.

Definition

Als **Zuwachsfaktor** von Zeit s auf Zeit t wird der Quotient w_{st} bezeichnet:

$$w_{st} = \frac{X_t}{X_s}, \qquad (2.15)$$

als **Zuwachsrate** der Quotient r_{st}:

$$r_{st} = \frac{X_t - X_s}{X_s} = \frac{X_t}{X_s} - 1. \qquad (2.16)$$

Wenn wir beispielsweise im ersten Jahr den Wert X_1 haben und im zweiten Jahr den Wert X_2, dann gilt mit der Zuwachsrate $r = r_{12}$:

$$r = \frac{X_2}{X_1} - 1, \quad X_2 = X_1 \cdot (1 + r).$$

Wenn die Zuwachsraten benachbarter Zeiten konstant $= r$ sind, erhalten wir

$$X_3 = X_2 \cdot (1 + r) = X_1 \cdot (1 + r)^2,$$
$$\vdots$$
$$X_n = X_{n-1} \cdot (1 + r) = X_1 \cdot (1 + r)^{n-1}.$$

Tipp

Falls die Zuwachsraten nicht konstant sind, berechnet man die **durchschnittliche Zuwachsrate R** wie folgt:

$$1 + R = \sqrt[n-1]{\frac{X_n}{X_1}}, \quad \text{also} \quad R = \sqrt[n-1]{\frac{X_n}{X_1}} - 1. \qquad (2.17)$$

Offenbar ist $1 + R$ gleich dem geometrischen Mittel der $n - 1$ Ein-Perioden-Zuwachsfaktoren X_{i+1}/X_i.

Grafisch stellt man die Zeitreihe als *Liniendiagramm* (Abb. 2.22) dar und versucht, daraus die Entwicklung der Daten über die Zeit abzulesen. Oft verläuft das Diagramm aber sehr unruhig, sodass man es „glätten" muss. Dazu bieten sich zwei Verfahren an: **gleitende Mittelwerte** und **exponentielles Glätten**. Letzteres ist auch zur Prognose eines künftigen Merkmalwertes zur Zeit $n + 1$ zu gebrauchen.

Gleitende Durchschnitte

Wir betrachten ein gleitendes Zeitfenster (Abb. 2.23) um die Zeit t, das $2k + 1$ Werte umfasst, und berechnen für dieses Fenster das arithmetische Mittel:

Definition

$$\tilde{X}_t = \frac{1}{2k+1} \sum_{i=t-k}^{t+k} X_i. \qquad (2.18)$$

$\tilde{X}_t$ heißt **gleitender Durchschnitt** oder **gleitender Mittelwert** der Zeitreihe, und zwar **der Ordnung** $2k + 1$. Er wird für alle Zeiten t berechnet, für die das möglich ist, d. h. für $k + 1 \leq t \leq n - k$. Die Folge der gleitenden Mittelwerte,

$$\tilde{X}_{k+1}, \tilde{X}_{k+2}, \ldots, \tilde{X}_{n-k},$$

bildet die **geglättete Zeitreihe** (Abb. 2.24). Man beachte, dass die geglättete Zeitreihe kürzer als die ursprüngliche ist, was vor allem am **aktuellen Rand** (den Zeiten nahe n) stören kann. Dort muss die geglättete Reihe ggf. geeignet extrapoliert werden.

Anschaulich: Man nehme ein Bügeleisen der Länge $2k + 1$ und „bügle" damit die Zeitreihe!

Falls die Zeitreihe periodisch und die Periodenlänge p eine ungerade Zahl ist, kann man $2k + 1 = p$ wählen; dadurch wird die Periode „ausgebügelt".

Exponentielles Glätten

Alternativ erhält man eine geglättete Zeitreihe durch folgende rekursive Berechnung:

Definition

$$\tilde{X}_1 = X_1,$$
$$\tilde{X}_t = (1 - \gamma) \cdot \tilde{X}_{t-1} + \gamma \cdot X_t. \quad (2.19)$$

B 2.8 Exponentielles Glätten

Sei $\gamma = 0{,}2$. Durch wiederholte Anwendung von (2.19) erhält man:

$$\tilde{x}_1 = x_1,$$
$$\tilde{x}_2 = 0{,}8 \cdot \tilde{x}_1 + 0{,}2 \cdot x_2,$$
$$\tilde{x}_3 = 0{,}8 \cdot \tilde{x}_2 + 0{,}2 \cdot x_3,$$
$$= 0{,}8^2 \cdot x_1 + 0{,}8 \cdot 0{,}2 \cdot x_2 + 0{,}2 \cdot x_3,$$
$$\tilde{x}_4 = 0{,}8 \cdot \tilde{x}_3 + 0{,}2 \cdot x_4,$$
$$= 0{,}8^3 \cdot x_1 + 0{,}8^2 \cdot 0{,}2 \cdot x_2 + 0{,}8 \cdot 0{,}2 \cdot x_3 + 0{,}2 \cdot x_4.$$

↑ Das Gewicht des Wertes x_1 verringert sich exponentiell! ◀

Die gesamte Vergangenheit wird berücksichtigt, aber mit jedem Schritt verringert sich das Gewicht der weiter zurückliegenden Werte.

B 2.9 Glätten der Umsätze eines Unternehmens

Wir betrachten die Jahresumsätze eines Unternehmens in fünf Jahren (Tab. 2.4) und glätten diese Zeitreihe einerseits mit einem gleitenden Durchschnitt der Ordnung 3, andererseits durch exponentielles Glätten mit Parameter $\gamma = 0{,}2$.

Tab. 2.4 Umsatz eines Unternehmens

Jahr	Umsatz in Mill. €	Gleitendes Mittel für $k = 1$	Exponentielles Glätten für $\gamma = 0{,}2$
2011	51,1		51,1000
2012	56,8	52,3	52,2400
2013	49,0	53,8	51,5920
2014	55,6	56,0	52,3936
2015	63,4		54,5949

- Durchschnittliche jährliche Steigerung von 2011 bis 2015:

$$R = \sqrt[4]{63{,}4/51{,}1} - 1 \approx 0{,}056 = 5{,}6\,\%.$$

- Prognose für 2016 bei einer Steigerung von 4 % jährlich:

$$63{,}4 \cdot 1{,}04^5 = 77{,}14. \quad \blacktriangleleft$$

Wahl der Parameter k bzw. γ

- Zur Anwendung gleitender Mittelwerte ist ein geeigneter Parameter $k \geq 1$ bzw. zu wählen. Je größer k ist, umso glatter wird die Zeitreihe.
- Beim exponentiellen Glätten steuert der Parameter γ den Grad der Glättung: je kleiner γ, umso stärker die Glättung. Meist wählt man γ zwischen 0,1 und 0,3.

Man benutzt das exponentielle Glätten auch zur **Prognose**. Wenn man eine Zeitreihe bis zur Zeit T beobachtet hat, verwendet man als „Vorhersage" für X_{T+1} den Wert

$$\tilde{X}_T = (1 - \gamma) \cdot \tilde{X}_{T-1} + \gamma \cdot X_T.$$

2.7 Datenquellen

Man unterscheidet Primärdaten, die eigens für eine bestimmte statistische Untersuchung beobachtet oder gemessen werden, und Sekundärdaten, die aus vorhandenen Datenquellen entnommen werden.

Achtung In beiden Fällen ist vorweg zu prüfen, ob die Daten inhaltlich dem infrage stehenden **Merkmal** entsprechen und sich auf die zu untersuchende **Grundgesamtheit** beziehen. ◀

Im Folgenden werden einige wichtige Quellen für Wirtschaftsdaten genannt.

Regelmäßige Erhebungen von Personen- und Haushaltsdaten

- Der Zensus wird alle zehn Jahre durchgeführt. Er erfasst alle Personen und Haushalte in Deutschland und ist mit einer Gebäude-, Wohnungs- und Arbeitsstättenzählung verbunden.
- Der jährliche Mikrozensus liefert sehr viel ausführlichere Daten über die wirtschaftliche und soziale Lage der Bevölkerung, den Arbeitsmarkt sowie die berufliche Gliederung und die Ausbildung. Dazu wird 1 % aller Haushalte zufällig ausgewählt und jeweils bis zu vier Jahre lang befragt.
- Die Einkommens- und Verbrauchsstichprobe (EVS, alle fünf Jahre) sowie die Laufenden Wirtschaftsrechnungen der Haushalte (LVR) liefern sehr detaillierte Daten über Einkommen und Konsum der privaten Haushalte.
- Das Sozio-ökonomische Panel (GSOEP) umfasst langjährige Beobachtungen einer Stichprobe von Haushalten und den darin lebenden Personen. Es erlaubt so die Kombination von Querschnitts- und Längsschnittanalysen.

Datenquellen der amtlichen und nichtamtlichen Statistik

Zur amtlichen Statistik zählen das Statistische Bundesamt, die Statistischen Landesämter und deren Forschungsdatenzentren, die Statistikämter der Städte, weitere Behörden und Institutionen wie die Deutsche Bundesbank, die Bundesagentur für Arbeit, das Kraftbundesamt sowie zahlreiche Ministerien. Das Statistische Bundesamt bietet auf seiner Internetseite (www.destatis.de) eine Fülle von aktuellen und historischen Daten über die Gesamtwirtschaft an, die Forschungsdatenzentren ermöglichen auch die Analyse von Individualdaten.

Wirtschaftsforschungsinstitute wie das DIW in Berlin oder das IFO in München liefern ebenfalls umfassende Daten zur Wirtschaftsentwicklung. Sie gehören zur nichtamtlichen Statistik ebenso wie die privaten Meinungsforschungsinstitute (etwa das INFAS oder das Institut für Demoskopie in Allensbach) und die Anbieter von Firmendaten (etwa Hoppenstedt). Nützliche Wirtschaftsdaten sind auch in den regelmäßigen Gutachten des Sachverständigenrats und der Monopolkommission zu finden.

2.8 Schlüsselfragen der Datenanalyse

Wer eine statistische Analyse durchführen will, muss als Erstes die folgenden Fragen beantworten:

- Über welches Merkmal/welche Merkmale soll etwas ausgesagt werden?
  Beispiel: Dauer von Arbeitslosigkeit
- In welcher Grundgesamtheit?
  Beispiel: Männer im Alter von 55 bis 63 in Sachsen-Anhalt oder ...
- Wie wird das Merkmal konkret gemessen?
  Beispiel: Bei der Arbeitsagentur gemeldet oder ...
- Über welchen Aspekt des Merkmals soll eine Aussage getroffen werden?
  Beispiel: Aktueller Mittelwert oder zeitliche Entwicklung von Langzeitarbeitslosigkeit
  oder ...

Achtung Fehler werden in der Praxis nicht so sehr bei der Berechnung irgendwelcher statistischer Kennziffern gemacht, sondern bei der unzureichenden Klärung dieser Fragen. ◄

Zufallsvorgänge und Wahrscheinlichkeiten

Wie kann man zufällige Ergebnisse beschreiben?

Was sind Wahrscheinlichkeiten, und wie lassen sie sich berechnen?

Was versteht man unter unabhängigen Ereignissen?

3.1 Ergebnisse und Ereignisse 20

3.2 Wahrscheinlichkeiten 22

3.3 Bedingte Wahrscheinlichkeiten und Unabhängigkeit 24

3.4 Wiederholung der wichtigsten Rechenregeln für Wahrscheinlichkeiten . 27

Die **Deskriptive Statistik** (Kap. 2) macht Aussagen über gegebene Daten, etwa die Werte eines Merkmals bei n beobachteten Einheiten einer Grundgesamtheit G. Ihre Aussagen – über Häufigkeiten, Mittelwert, Streuung usw. – erstrecken sich lediglich auf den beobachteten Teil der Grundgesamtheit. Will man darüber hinaus etwas über die ganze Grundgesamtheit, also auch ihre unbeobachteten Einheiten, aussagen, ist es nötig, dass die beobachteten Einheiten eine Stichprobe bilden, die die Grundgesamtheit repräsentiert. Man erreicht dies, indem man die zu beobachtenden Einheiten auf zufällige Weise aus der Grundgesamtheit auswählt. Im einfachsten Fall veranstaltet man ein Zufallsexperiment, bei dem jede Einheit der Grundgesamtheit die gleiche Wahrscheinlichkeit erhält, in die Stichprobe zu kommen und beobachtet zu werden. Dann zieht man aus der Beobachtung der zufällig ausgewählten Stichprobe Schlüsse auf alle Einheiten der Grundgesamtheit. Ein solches Vorgehen wird als **Schließende Statistik** bezeichnet.

Um statistische Schlüsse durchzuführen, ist es offenbar erforderlich, mit Wahrscheinlichkeiten umzugehen. Dieses und die drei folgenden Kapitel handeln deshalb von den Begriffen und Regeln des Rechnens mit Wahrscheinlichkeiten. Die **Wahrscheinlichkeitsrechnung** ist bedeutsam und nützlich weit über die Statistik hinaus. Der Betriebswirt braucht sie insbesondere, um Risiken – bei Investitionen, Finanzierung und Versicherung – zu quantifizieren und **Entscheidungen bei Risiko** zu treffen. Der Ingenieur benötigt die Wahrscheinlichkeitsrechnung, um die Zuverlässigkeit und Verfügbarkeit von einzelnen Maschinen und ganzen Systemen zu berechnen und generell für die Modellierung von technischen Prozessen.

Zunächst befassen wir uns mit Zufallsvorgängen und aus ihnen resultierenden Zufallsereignissen.

3.1 Ergebnisse und Ereignisse

Zufallsvorgang, Ergebnis

- Einen Vorgang, dessen Ausgang vom Zufall abhängt, nennt man **Zufallsexperiment** oder Zufallsvorgang.
- Ein Zufallsexperiment hat eine endliche oder unendliche Menge *möglicher* Ergebnisse; sie heißt Ergebnismenge und wird mit Ω bezeichnet.
- Wir notieren das Ergebnis eines Experiments mit ω.

Ereignis, Elementarereignis

- Ein Ereignis ist eine Zusammenfassung von Ergebnissen.
- Ein Ereignis ist eine Teilmenge von Ω.
- Ein Ereignis ist ein Element der **Potenzmenge $\mathcal{P}(\Omega)$** von Ω, d. h. der Menge aller Teilmengen von Ω.
- Ereignisse werden mit A, B, A_1, A_2 usw. bezeichnet.
- Beinhaltet ein Ereignis *nur ein Ergebnis*, so wird es als **Elementarereignis** bezeichnet.
- Das Ereignis $A = \Omega$ ist das **sichere Ereignis** (siehe Fall 1 in Beispiel 3.1).
- Die leere Menge $A = \emptyset$ ist das **unmögliche Ereignis** (siehe Fall 2 in Beispiel 3.1).
- Ein Ereignis A ist eingetreten, wenn ein Zufallsexperiment das Ergebnis ω hat und $\omega \in A$ ist (siehe Fall 3 in Beispiel 3.1).
- $\bar{A} = \Omega \setminus A$ heißt **Komplementärereignis** von A. Es tritt genau dann ein, wenn A nicht eintritt (siehe Fall 4 in Beispiel 3.1).

B 3.1 Ereignisse beim Würfeln (Abb. 3.1)

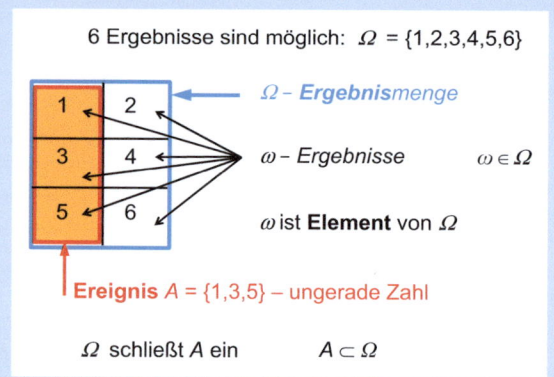

Abb. 3.1 Ereignisse beim Würfeln

1. **Sicheres Ereignis:** Das Ereignis $\Omega = \{1, 2, 3, 4, 5, 6\}$ tritt sicher ein, da immer eine der sechs möglichen Zahlen gewürfelt wird.
2. **Unmögliches Ereignis**: Das Ereignis B (*eine 7 wird gewürfelt*) kann nicht eintreten, also ist $B = \emptyset$.
3. **Eingetretenes Ereignis:** $A = \{2, 4, 6\}$ ist das Ereignis *gerade Zahl*. Das Ergebnis $\omega = 2$ ist Element von A, $\omega \in A$. Wenn eine 2 gewürfelt wird, tritt damit das Ereignis A (*gerade Zahl*) ein.
4. **Komplementärereignis:** Das Ereignis $\bar{A} = \{1, 3, 5\}$ tritt genau dann ein, wenn keine ungerade, also eine gerade Zahl gewürfelt wird. ◂

Verknüpfung von Ereignissen

Durch Verknüpfung von Ereignissen entstehen weitere Ereignisse.

A und B seien Ereignisse, also $A \subset \Omega$, $B \subset \Omega$.

$A \cup B$, in Worten „A oder B", heißt **Vereinigungsereignis**. Es tritt ein, wenn Ereignis A oder Ereignis B oder alle beide Ereignisse eintreten (Abb. 3.2).

$A \cap B$, in Worten „A und B" heißt **Durchschnittsereignis**. Es tritt ein, wenn sowohl Ereignis A als auch Ereignis B eintreten (Abb. 3.3).

$A \setminus B$, in Worten „A ohne B" heißt **Differenzereignis**. Es tritt ein, wenn Ereignis A eintritt, aber nicht Ereignis B (Abb. 3.4).

$A \cap B = \emptyset$ Wenn das Durchschnittsereignis leer ist, nennt man die Ereignisse A und B **unvereinbar** oder **disjunkt** (Abb. 3.5).

$\Omega = \{1,2,3,4,5,6\}$;
$A = \{1,2\}$; $B = \{2,4,6\}$
$\Rightarrow \quad A \cup B = \{1,2,4,6\}$

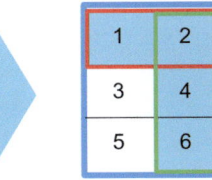

Abb. 3.2 Vereinigungsereignis

$\Omega = \{1,2,3,4,5,6\}$;
$A = \{1,2\}$; $B = \{2,4,6\}$
$\Rightarrow \quad A \cap B = \{2\}$

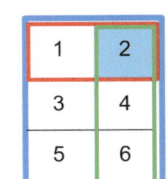

Abb. 3.3 Durchschnittsereignis

$\Omega = \{1,2,3,4,5,6\}$;
$A = \{1,2\}$; $B = \{2,4,6\}$
$\Rightarrow \quad A \setminus B = \{1\}$

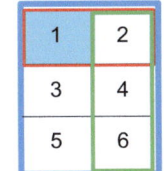

Abb. 3.4 Differenzereignis

$\Omega = \{1,2,3,4,5,6\}$;
$A = \{1,2\}$; $B = \{4,6\}$
$\Rightarrow \quad A \cap B = \emptyset$

Abb. 3.5 Disjunkte Ereignisse

B 3.2 Verknüpfung von Ereignissen beim Würfeln

Die Elementarereignisse beim Würfeln sind $\{1\}, \{2\}, \{3\}, \{4\}, \{5\}, \{6\}$.

- Durch die Verknüpfung $A = \{1\} \cup \{2\}$ (lies 1 **oder** 2) entsteht das Ereignis $A = \{1,2\}$.
- Durch die Verknüpfung $B = \{2\} \cup \{4\} \cup \{6\}$ entsteht das Ereignis $B = \{2,4,6\}$.
- Durch die Verknüpfung $C = A \cup B$ entsteht das Ereignis $C = \{1,2,4,6\}$.
- Durch die Verknüpfung $D = A \cap B$ (lies A **und** B) entsteht das Ereignis $D = \{2\}$. ◀

B 3.3 Ereignisse beim Roulette

Abb. 3.6 zeigt die möglichen Ereignisse beim Roulette.

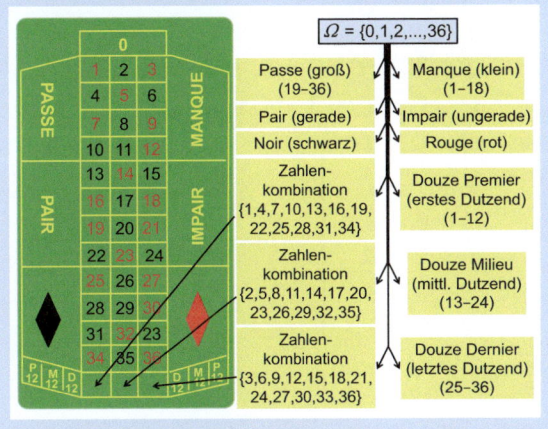

Abb. 3.6 Ereignisse beim Roulette ◀

Die Menge aller Teilmengen von Ω ist die **Potenzmenge** $\mathcal{P}(\Omega)$. Ein **Mengensystem** $\mathcal{A}$ ist eine Sammlung von Teilmengen der Grundmenge Ω, d. h. eine Teilmenge ihrer Potenzmenge, $\mathcal{P}(\Omega)$, $\mathcal{A} \subseteq \mathcal{P}(\Omega)$. Ein Mengensystem wird **Ereignisalgebra** genannt, wenn folgende vier Bedingungen erfüllt sind:

1. Das *sichere Ereignis* Ω ist ein Element von $\mathcal{A}$: $\Omega \in \mathcal{A}$.
2. Wenn das Ereignis A ein Element von $\mathcal{A}$ ist, dann ist sein *Komplement* ebenfalls ein Element von $\mathcal{A}$: $A \in \mathcal{A} \Rightarrow \bar{A} \in \mathcal{A}$.
3. Wenn die Ereignisse A und B Elemente von $\mathcal{A}$ sind, dann ist auch das *Vereinigungsereignis* $A \cup B$ Element von $\mathcal{A}$: $A, B \in \mathcal{A} \Rightarrow A \cup B \in \mathcal{A}$.
4. Wenn die Ereignisse A und B Elemente von $\mathcal{A}$ sind, dann ist auch das *Durchschnittsereignis* $A \cap B$ Element von $\mathcal{A}$: $A, B \in \mathcal{A} \Rightarrow A \cap B \in \mathcal{A}$.

B 3.4 „6" oder „keine 6" beim Würfeln

Beim Würfeln mögen uns etwa nur die beiden Ereignisse „6" und „keine 6", $A = \{6\}$, $B = \{1,2,3,4,5\}$, interessieren. Dann ist $\mathcal{A} = \{A, B, \Omega, \emptyset\}$ eine Ereignisalgebra.

Man überprüfe dazu, dass zu jedem der vier Elemente von $\mathcal{A}$ auch dessen Komplementereignis in $\mathcal{A}$ ist und dass zu je zwei Elementen von $\mathcal{A}$ sich auch deren Vereinigung und Durchschnitt in $\mathcal{A}$ befinden:

$$\left.\begin{array}{l} \bar{A} = \{1,2,3,4,5\} = B, \\ \bar{B} = \{6\} = A, \\ \bar{\Omega} = \emptyset \text{ und } \bar{\emptyset} = \Omega \end{array}\right\} \in \mathcal{A}.$$

$$\left.\begin{aligned} A \cup B &= \{1,2,3,4,5,6\} = \Omega, \\ A \cup \Omega &= \{1,2,3,4,5,6\} = \Omega, \\ A \cup \emptyset &= \{6\} = A, \\ B \cup \Omega &= \{1,2,3,4,5,6\} = \Omega, \\ B \cup \emptyset &= \{1,2,3,4,5\} = B, \\ \Omega \cup \emptyset &= \mathcal{P}\{1,2,3,4,5,6\} = \Omega \end{aligned}\right\} \in \mathcal{A}.$$

$$\left.\begin{aligned} A \cap B &= \emptyset, \\ A \cap \Omega &= A, \\ A \cap \emptyset &= \emptyset, \\ B \cap \Omega &= B, \\ B \cap \emptyset &= \emptyset, \\ \Omega \cap \emptyset &= \mathcal{P}\emptyset \end{aligned}\right\} \in \mathcal{A}.$$

Achtung Eine Ereignisalgebra kann kleiner oder gleich der Potenzmenge sein (Beispiel 3.4). ◂

Rechenregeln für Ereignisse (Boolesche Algebra)

- Kommutativgesetze:

$$\begin{aligned} A \cup B &= B \cup A, \\ A \cap B &= B \cap A. \end{aligned} \quad (3.1)$$

- Assoziativgesetze:

$$\begin{aligned} A \cup (B \cup C) &= (A \cup B) \cup C, \\ A \cap (B \cap C) &= (A \cap B) \cap C. \end{aligned} \quad (3.2)$$

- Distributivgesetze:

$$\begin{aligned} A \cup (B \cap C) &= (A \cup B) \cap (A \cup C), \\ A \cap (B \cup C) &= (A \cap B) \cup (A \cap C). \end{aligned} \quad (3.3)$$

- Regeln von De Morgan:

$$\begin{aligned} \overline{A \cup B} &= \bar{A} \cap \bar{B}, \\ \overline{A \cap B} &= \bar{A} \cup \bar{B}. \end{aligned} \quad (3.4)$$

B 3.5 Boole'sche Algebra beim Würfeln

Wir betrachten die Ereignisse $A = \{1,2\}$, $B = \{2,4,6\}$ und $C = \{1,5,6\}$.

Zunächst illustrieren wir das Distributivgesetz $A \cup (B \cap C) = (A \cup B) \cap (A \cup C)$:

- Linke Seite:

$$B \cap C = \{6\} \quad \text{Durchschnitt}$$
$$A \cup (B \cap C) = \{1,2,6\} \quad \text{Vereinigung}$$

- Rechte Seite:

$$A \cup B = \{1,2,4,6\};$$
$$A \cup C = \{1,2,5,6\} \quad \text{Vereinigung}$$
$$(A \cup B) \cap (A \cup C) = \{1,2,6\} \quad \text{Durchschnitt}$$

Ferner zeigen wir am Beispiel die Regel von De Morgan $\overline{A \cup B} = \bar{A} \cap \bar{B}$:

- Linke Seite:

$$A \cup B = \{1,2,4,6\};$$
$$\overline{A \cup B} = \{3,5\} \quad \text{Vereinigung, Komplement}$$

- Rechte Seite:

$$\bar{A} = \{3,4,5,6\}; \quad \bar{B} = \{1,3,5\} \quad \text{Komplemente}$$
$$\bar{A} \cap \bar{B} = \{3,5\} \quad \text{Durchschnitt} \quad \triangleleft$$

3.2 Wahrscheinlichkeiten

Wir halten fest: Ein **Ereignis** besteht aus – in der Regel mehreren – möglichen **Ergebnissen** eines **Zufallsvorgangs**; es ist eine Teilmenge der Ergebnismenge Ω. Ereignisse lassen sich durch UND, ODER, OHNE und NICHT verknüpfen; eine **Ereignisalgebra** ist ein System von Mengen in Omega (der Potenzmenge $\mathcal{P}(\Omega)$ oder ein Teil davon), innerhalb dessen man mit diesen Verknüpfungen „rechnen" kann, ohne es zu verlassen.

Nach dieser Vorbereitung sind wir nun in der Lage, Wahrscheinlichkeiten von Ereignissen zu definieren. Ein Zufallsexperiment (wie der Wurf eines fairen Würfels) werde n-mal wiederholt, und zwar „unabhängig", d. h., ohne dass sich die einzelnen Wiederholungen gegenseitig beeinflussen. Bezeichne A ein Ereignis des einzelnen Experiments, beispielsweise, mit dem Würfel eine gerade Zahl zu würfeln, $A = \{2,4,6\}$. Man beobachtet die **relative Häufigkeit** h_n, mit der A auftritt, und zwar in Abhängigkeit von der Anzahl n der Wiederholungen.

Bei der praktischen Durchführung solcher Experimente ist fast immer festzustellen, dass sich h_n mit wachsendem n einer Zahl zwischen 0 und 1 nähert. (Für das Würfeln einer geraden Zahl liegt diese bei $1/2$). Im Rahmen der Wahrscheinlichkeitsrechnung ergibt sich (Kap. 4), dass die relative Häufigkeit eines Ereignisses „mit Wahrscheinlichkeit 1" gegen die „Wahrscheinlichkeit" des Ereignisses konvergiert. Damit eine solche Aussage Sinn macht, muss man vorweg präzisieren, was unter „Wahrscheinlichkeit" zu verstehen ist. Der Begriff wird formal-mathematisch durch sogenannte *Axiome* eingeführt.

Axiome der Wahrscheinlichkeit

Eine Funktion P, die jedem Ereignis, d. h. jedem Element einer Ereignisalgebra $\mathcal{A}$, eine Zahl zuordnet, nennt man **Wahrscheinlichkeit**, wenn sie die folgenden Axiome erfüllt:

Definition

- (A1): Für jedes Ereignis A gilt

$$0 \leq P(A) \leq 1.$$

- (A2): Für das unmögliche Ereignis $A = \emptyset$ gilt

$$P(\emptyset) = 0.$$

- (A3): Für das sichere Ereignis $A = \Omega$ gilt

$$P(\Omega) = 1.$$

- (A4): Sind A und B disjunkte Ereignisse, $A \cap B = \emptyset$, so gilt

$$P(A \cup B) = P(A) + P(B).$$

Eine Wahrscheinlichkeit ist demnach eine Funktion, die jedem Ereignis aus einer Ereignisalgebra eine Zahl zwischen 0 und 1 zuordnet und **additiv** ist in dem Sinne, dass die Wahrscheinlichkeit der Vereinigung zweier Ereignisse, die sich ausschließen, gleich der Summe der Wahrscheinlichkeiten der beiden Ereignisse ist.

B 3.6 Würfeln mit einem „fairen" Würfel

Ein Würfel wird als „fair" bezeichnet, wenn jede der sechs möglichen Augenzahlen mit gleicher Wahrscheinlichkeit auftritt. Die Wahrscheinlichkeiten addieren sich zu 1 auf:

$$P(\{1\}) = P(\{2\}) = \ldots = P(\{6\}) = \frac{1}{6}.$$

Die Wahrscheinlichkeit, dass bei einem Wurf eine 1 oder eine 2 gewürfelt wird, beträgt wegen Axiom (A4)

$$P(\text{„1 oder 2"}) = P(\{1\} \cup \{2\}) = P(\{1\}) + P(\{2\})$$
$$= \frac{1}{6} + \frac{1}{6} = \frac{1}{3}.$$

◀

Laplace-Wahrscheinlichkeit

Wenn wie beim Wurf eines (fairen) Würfels jedes von N möglichen *Ergebnissen mit gleicher Wahrscheinlichkeit* auftritt, spricht man von einem **Laplace-Experiment** und von **Laplace-Wahrscheinlichkeiten**. Die Wahrscheinlichkeit eines *Ereignisses*, das k Ergebnisse umfasst, ist dann:

Definition

$$P(A) = \frac{\text{Anzahl der Elemente von } A}{N}. \tag{3.5}$$

Beispiel für Laplace-Experimente sind der Wurf eines Würfels, der Wurf einer Münze oder eine Ausspielung beim Roulette.

Rechenregeln für Wahrscheinlichkeiten

Für beliebige Ereignisse A und B folgt aus den Axiomen der Wahrscheinlichkeit:

$$P(\bar{A}) = 1 - P(A), \tag{3.6}$$
$$P(A) \leq P(B), \quad \text{falls } A \subset B. \tag{3.7}$$

Die Wahrscheinlichkeit des Differenzereignisses $A \setminus B = A \cap \bar{B}$ (A *tritt ein, B aber nicht*) ergibt sich als

$$P(A \setminus B) = P(A) - P(A \cap B), \tag{3.8}$$

und speziell, wenn B in A enthalten ist, als

$$P(A \setminus B) = P(A) - P(B), \quad \text{falls } B \subset A.$$

Für drei paarweise disjunkte Ereignisse A, B und C folgt aus Axiom (A4), dass

$$P(A \cup B \cup C) = P((A \cup B) \cup C) = P(A \cup B) + P(C)$$
$$= P(A) + P(B) + P(C).$$

Seien nun endlich viele Ereignisse $A_1, \ldots, A_n$ gegeben, die sich wechselseitig ausschließen, d. h. bei denen $A_i \cap A_j = \emptyset$ für alle $i \neq j$ gilt. Dann lässt sich (durch vollständige Induktion) zeigen, dass

$$P(A_1 \cup A_2 \cup \ldots \cup A_n) = P(A_1) + P(A_2) + \ldots + P(A_n) \tag{3.9}$$

gilt. Kurz geschrieben:

$$P\left(\bigcup_{i=1}^{n} A_i\right) = \sum_{i=1}^{n} P(A_i).$$

Im allgemeinen Fall zweier beliebiger Ereignisse A und B gilt die Formel

$$P(A \cup B) = P(A) + P(B) - P(A \cap B). \tag{3.10}$$

Wenn die beiden Ereignisse einander ausschließen ($A \cap B = \emptyset$), erhält man daraus wieder die obige Formel $P(A \cup B) = P(A) + P(B)$.

B 3.7 Doppelter Münzwurf (1)

1-Euro-Münzen zeigen auf der einen Seite einen Adler, auf der anderen die Zahl 1. Zwei solche Münzen werden unabhängig voneinander geworfen, sodass jedes der vier möglichen Ergebnisse gleich wahrscheinlich ist. Dies ist offenbar ein Laplace-Experiment.

Münze 1	Münze 2
A = Ereignis *Zahl*	B = Ereignis *Zahl*
$\rightarrow P(A) = 0{,}5$	$\rightarrow P(B) = 0{,}5$
$\bar{A}$ = Ereignis *Adler*	$\bar{B}$ = Ereignis *Adler*
$\rightarrow P(\bar{A}) = 0{,}5$	$\rightarrow P(\bar{B}) = 0{,}5$

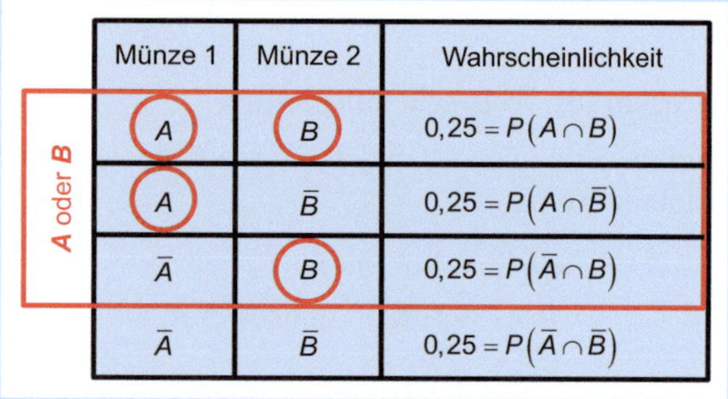

	Münze 1	Münze 2	Wahrscheinlichkeit
A oder B	A	B	$0{,}25 = P(A \cap B)$
A oder B	A	$\bar{B}$	$0{,}25 = P(A \cap \bar{B})$
A oder B	$\bar{A}$	B	$0{,}25 = P(\bar{A} \cap B)$
	$\bar{A}$	$\bar{B}$	$0{,}25 = P(\bar{A} \cap \bar{B})$

Abb. 3.7 Doppelter Münzwurf

Frage: Wie wahrscheinlich ist das Ereignis A oder B, d. h. *mindestens einmal Zahl*?

Lösung (mit (3.10)):

$$P(A \cup B) = P(A) + P(B) - P(A \cap B)$$
$$= 0{,}5 + 0{,}5 - 0{,}25 = 0{,}75.$$

Alternative Lösung: Das Ereignis $A \cup B$ setzt sich aus den drei sich gegenseitig ausschließenden Ereignissen $(A \cap B)$, $(\bar{A} \cap B)$ und $(A \cap \bar{B})$ zusammen (Abb. 3.7), von denen jedes die Wahrscheinlichkeit 0,25 aufweist. Wir erhalten deshalb mit (3.9)

$$P(A \cup B) = P\left((A \cap B) \cup (\bar{A} \cap B) \cup (A \cap \bar{B})\right)$$
$$= P(A \cap B) + P(\bar{A} \cap B) + P(A \cap \bar{B})$$
$$= 0{,}25 + 0{,}25 + 0{,}25 = 0{,}75. \blacktriangleleft$$

Für drei Ereignisse A, B und C, die einander nicht notwendig paarweise ausschließen, gilt der Additionssatz:

$$P(A \cup B \cup C) = P(A) + P(B) + P(C)$$
$$- P(A \cap B) - P(B \cap C) - P(A \cap C)$$
$$+ P(A \cap B \cap C). \quad (3.11)$$

Eine Wahrscheinlichkeit wird **σ-additiv** genannt, wenn sie in Bezug auf unendliche Folgen disjunkter Ereignisse additiv ist, d. h., wenn anstatt (A4) die folgende stärkere Eigenschaft gilt:

Definition

$$(\text{A4}') \qquad P\left(\bigcup_{i=1}^{\infty} A_i\right) = \sum_{i=1}^{\infty} P(A_i),$$

falls $A_i \cap A_j = \emptyset$ für alle $i \neq j$.

Die Forderungen (A1), (A2), (A3) und (A4$'$) bilden zusammen die **Kolmogoroff'schen Axiome** der Wahrscheinlichkeit. Sie wurden erstmals 1933 von A. N. Kolmogoroff (1903–1987) in seinem Buch *Grundbegriffe der Wahrscheinlichkeitsrechnung* aufgestellt und bilden die Grundlage für die gesamte moderne Wahrscheinlichkeitsrechnung.

3.3 Bedingte Wahrscheinlichkeiten und Unabhängigkeit

Wie wahrscheinlich ist ein Ereignis A, wenn man weiß, dass ein bestimmtes Ereignis B bereits eingetreten ist?

In diesem Fall genügt es, von den Ergebnissen in A nur noch die in Betracht zu ziehen, die auch in B liegen, und die Wahrscheinlichkeit von $A \cap B$ in Relation zu der von B zu setzen.

Als **bedingte Wahrscheinlichkeit $P(A \mid B)$** von A bei gegebenem B bezeichnet man den Quotienten

Definition

$$P(A \mid B) = \frac{P(A \cap B)}{P(B)}. \quad (3.12)$$

$P(A \mid B)$ ist die Wahrscheinlichkeit, dass A eintritt, wenn man bereits weiß, dass B eingetreten ist. Dies macht natürlich nur dann Sinn, wenn $P(B) > 0$ ist. Es gilt:

- $P(A \mid B) \geq 0$ für beliebige Ereignisse A,
- $P(\emptyset \mid B) = 0$ für das unmögliche Ereignis $\emptyset$,
- $P(\Omega \mid B) = 1$ für das sichere Ereignis Ω,
- $P(A_1 \cup A_2 \mid B) = P(A_1 \mid B) + P(A_2 \mid B)$, falls $A_1 \cap A_2 = \emptyset$ ist.

Für gegebenes B ist die bedingte Wahrscheinlichkeit $P(\cdot \mid B)$ also selbst eine Wahrscheinlichkeit, da sie die definierenden Axiome (A1) bis (A4$'$) erfüllt. Es gelten deshalb auch sämtliche Rechenregeln für Wahrscheinlichkeiten, z. B.

$$P(A \mid B) + P(\bar{A} \mid B) = 1.$$

Unabhängigkeit von Ereignissen

Zwei Ereignisse A und B heißen **unabhängig**, wenn

Definition

$$P(A \cap B) = P(A) \cdot P(B). \quad (3.13)$$

B 3.7 Doppelter Münzwurf (2)

Wir setzen das Beispiel 3.7 fort. Das Ereignis $A \cap B$, d. h. *zweimal Zahl*, ist ein Elementarereignis, das nur das eine Element $\omega = $ (Zahl, Zahl) enthält. Seine Wahrscheinlichkeit beträgt $P(A \cap B) = 0{,}25$.

Andererseits ist $P(A) = P(B) = 0{,}5$. Es folgt $P(A) \cdot P(B) = 0{,}25$, also $P(A \cap B) = P(A) \cdot P(B)$.

Die Ereignisse A (*Zahl beim ersten Würfel*) und B (*Zahl beim zweiten Würfel*) sind unabhängig

Das Gleiche gilt für die beiden Ereignisse $\bar{A}$ und B und ebenso für A und $\bar{B}$ sowie für $\bar{A}$ und $\bar{B}$. $\blacktriangleleft$

Sind zwei Ereignisse A und B voneinander unabhängig, so gilt

$$P(A|B) = P(A) \quad \text{und} \quad P(B|A) = P(B),$$

d. h., die Bedingung spielt jeweils keine Rolle: Die bedingte Wahrscheinlichkeit ist gleich der nicht bedingten Wahrscheinlichkeit.

Totale Wahrscheinlichkeit und Formel von Bayes

Endlich viele Ereignisse $B_1, \ldots, B_N$ bilden eine **vollständige Zerlegung** von Ω, wenn sie insgesamt Ω umfassen, jeweils nicht leer sind und paarweise disjunkt, also

$$\bigcup_{i=1}^{N} B_i = B_1 \cup B_2 \cup \ldots \cup B_N = \Omega,$$

$$B_i \neq \emptyset \quad \text{für alle } i \quad \text{und} \quad B_i \cap B_j = \emptyset \quad \text{für alle } i \neq j.$$

Dann gilt

$$\sum_{i=1}^{N} P(B_i) = 1$$

und für jedes Ereignis A der folgende **Satz über die totale Wahrscheinlichkeit**:

Definition

$$P(A) = \sum_{i=1}^{N} P(B_i) \cdot P(A|B_i). \quad (3.14)$$

Die Ereignisse $B_1, \ldots, B_N$ mögen eine vollständige Zerlegung von Ω bilden, und es gelte $P(B_j) > 0$ für alle j. Dann gilt für jedes Ereignis A der **Satz von Bayes**:

Definition

$$P(B_i|A) = \frac{P(B_i) \cdot P(A|B_i)}{P(A)} = \frac{P(B_i) \cdot P(A|B_i)}{\sum_{j=1}^{N} P(B_j) \cdot P(A|B_j)}.$$

$$(3.15)$$

B 3.8 Anwendung der Bayes-Formel

Wir betrachten drei Kisten B_1, B_2 und B_3, die sowohl schwarze als auch weiße Kugeln beinhalten. Aus diesen drei Kisten wird mit folgenden Wahrscheinlichkeiten eine Kiste ausgewählt: $P(B_1) = 0{,}2$, $P(B_2) = 0{,}4$ und $P(B_3) = 0{,}4$. Danach wird aus der ausgewählten Kiste eine Kugel zufällig gezogen.

A bezeichne das Ereignis, dass überhaupt eine schwarze Kugel gezogen wird. Die bedingte Wahrscheinlichkeit, dass eine schwarze Kugel aus Kiste B_1 gezogen wird, sei $P(A|B_1) = 0{,}4$. Für die beiden anderen Kisten gelte $P(A|B_2) = 0{,}2$ und $P(A|B_3) = 0{,}4$.

Frage 1: Wie groß ist die Wahrscheinlichkeit $P(A)$, dass überhaupt eine schwarze Kugel gezogen wird?

Antwort: $P(A)$ wird gemäß (3.14) als totale Wahrscheinlichkeit berechnet:

$$P(A) = \sum_{i=1}^{3} P(B_i) \cdot P(A|B_i)$$
$$= \underbrace{0{,}2}_{P(B_1)} \cdot \underbrace{0{,}4}_{P(A|B_1)} + \underbrace{0{,}4}_{P(B_2)} \cdot \underbrace{0{,}2}_{P(A|B_2)} + \underbrace{0{,}4}_{P(B_3)} \cdot \underbrace{0{,}4}_{P(A|B_3)}$$
$$= 0{,}32.$$

Frage 2: Wie groß ist die Wahrscheinlichkeit, dass unter der Bedingung, dass eine schwarze Kugel gezogen wurde, diese aus der Kiste B_2 stammt?

Antwort: Wir suchen $P(B_2|A)$ und nutzen dazu die Definition der bedingten Wahrscheinlichkeit:

$$P(B_2|A) = \frac{P(B_2) P(A|B_2)}{P(A)} = \frac{0{,}4 \cdot 0{,}2}{0{,}32} = 0{,}25.$$

Zum Veranschaulichung der Zusammenhänge berechnen wir die Schnittwahrscheinlichkeiten* der folgenden sechs möglichen gemeinsamen Ereignisse und stellen sie in einer Sechsfeldertafel (Abb. 3.8) dar:

1. $P(A \cap B_1)$: Kugel ist schwarz (Fall A) und wurde aus Kiste B_1 gezogen.
2. $P(A \cap B_2)$: Kugel ist schwarz (Fall A) und wurde aus Kiste B_2 gezogen.
3. $P(A \cap B_3)$: Kugel ist schwarz (Fall A) und wurde aus Kiste B_3 gezogen.
4. $P(\bar{A} \cap B_1)$: Kugel ist weiß (Fall $\bar{A}$) und wurde aus Kiste B_1 gezogen.
5. $P(\bar{A} \cap B_2)$: Kugel ist weiß (Fall $\bar{A}$) und wurde aus Kiste B_2 gezogen.
6. $P(\bar{A} \cap B_3)$: Kugel ist weiß (Fall $\bar{A}$) und wurde aus Kiste B_3 gezogen.

$$P(A \cap B_1) = P(B_1) \cdot P(A|B_1) = 0{,}2 \cdot 0{,}4 = 0{,}08,$$
$$P(A \cap B_2) = P(B_2) \cdot P(A|B_2) = 0{,}4 \cdot 0{,}2 = 0{,}08,$$
$$P(A \cap B_3) = P(B_3) \cdot P(A|B_3) = 0{,}4 \cdot 0{,}4 = 0{,}16,$$
$$P(\bar{A} \cap B_1) = P(B_1) \cdot P(\bar{A}|B_1) = 0{,}2 \cdot 0{,}6 = 0{,}12$$
$$\text{mit } P(\bar{A}|B_1) = 1 - P(A|B_1) = 1 - 0{,}4 = 0{,}6,$$
$$P(\bar{A} \cap B_2) = P(B_2) \cdot P(\bar{A}|B_2) = 0{,}4 \cdot 0{,}8 = 0{,}32$$
$$\text{mit } P(\bar{A}|B_2) = 1 - P(A|B_2) = 1 - 0{,}2 = 0{,}8,$$
$$P(\bar{A} \cap B_3) = P(B_3) \cdot P(\bar{A}|B_3) = 0{,}4 \cdot 0{,}6 = 0{,}24$$
$$\text{mit } P(\bar{A}|B_3) = 1 - P(A|B_3) = 1 - 0{,}4 = 0{,}6.$$

---

* Die Wahrscheinlichkeit $P(A \cap B)$ für das gleichzeitige Auftreten zweier Ereignisse A und B wird in den Ingenieurwissenschaften auch **Verbundwahrscheinlichkeit** genannt.

Die Sechsfeldertafel (Abb. 3.8) hilft uns auch, die Ergebnisse durch zeilen- und spaltenweises Summieren zu überprüfen:

Summe der Schnittwahrscheinlichkeiten in jeder *Zeile*:

$$P(A \cap B_i) + P(\bar{A} \cap B_i) = P(B_i).$$

Summe der Schnittwahrscheinlichkeiten in jeder *Spalte*:

$$\sum_{I=1}^{3} P(A \cap B_i) = P(A) \text{ bzw. } \sum_{I=1}^{3} P(\bar{A} \cap B_i) = P(\bar{A}).$$

Die Summe aller sechs Schnittwahrscheinlichkeiten muss gleich 1 sein.

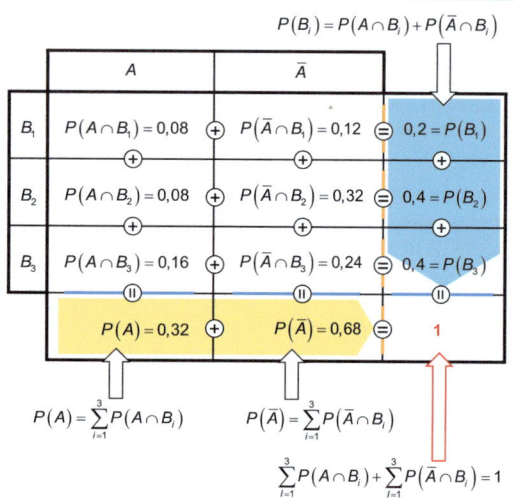

Abb. 3.8 Sechsfeldertafel

Die „Kisten" und „Kugeln" stehen stellvertretend für viele praktische Anwendungsfälle.

Wir können z. B. die „Kisten" durch die Werke B_1, B_2 und B_3 eines Autoherstellers ersetzen und festlegen, dass die schwarzen und weißen Kugeln Autos repräsentieren, die in Fall A die Abgasnorm verletzen und in Fall $\bar{A}$ die Abgasnorm nicht verletzen.

Wenn monatlich insgesamt 1000 Autos ausgeliefert werden (Grundgesamtheit = 1000), so lassen sich die Wahrscheinlichkeiten aus Beispiel 3.8 wie folgt interpretieren:

- $P(B_1) = 0{,}4 \rightarrow 400$ verlassen Werk B_1.
- $P(B_2) = 0{,}2 \rightarrow 200$ verlassen Werk B_2.
- $P(B_3) = 0{,}4 \rightarrow 400$ verlassen Werk B_3.
- $P(A) = 0{,}32 \rightarrow 320$ der insgesamt 1000 Autos erfüllen die Abgasnorm nicht.
- $P(B_2|A) = 0{,}25 \rightarrow$ Falls ein Auto die Abgasnorm nicht erfüllt, so stammt es mit einer Wahrscheinlichkeit von 25 % aus Werk B_2 (oder 25 % der Autos, die die Abgasnorm nicht erfüllen, stammen aus Werk B_2).

Die Zahlenwerte im Abgasbeispiel sind fiktiv. Dagegen schildert Beispiel 3.9 einen realen Anwendungsfall der Bayes-Formel.

B 3.9 ELISA-Test

Der **ELISA-Test** ist ein erster Bluttest, mit dem man das Vorhandensein von HIV überprüft. Wir wenden auf die darin auftretenden Wahrscheinlichkeiten die Bayes-Formel an.

Wenn HIV vorliegt (Fall B_1), zeigt der Test mit Wahrscheinlichkeit 99,9 % das Ergebnis A (*positiv*) an:

$$P(A|B_1) = 0{,}999.$$

Wenn *kein* HIV vorliegt (Fall B_2), zeigt er mit Wahrscheinlichkeit 99,8 % das Ergebnis $\bar{A}$ (*negativ*) an:

$$P(\bar{A}|B_2) = 0{,}998.$$

Aufgrund früherer Beobachtungen können wir annehmen, dass von 1 Mio. Menschen 700 HIV-infiziert sind:

$$P(B_1) = 0{,}0007.$$

Frage 1: Wie groß ist die Wahrscheinlichkeit, dass der Test bei einer beliebig ausgewählten Person „positiv" ausfällt?

Antwort: Mit dem Satz von der totalen Wahrscheinlichkeit erhalten wir

$$P(A) = P(B_1) \cdot P(A|B_1) + P(B_2) \cdot P(A|B_2)$$
$$= 0{,}0007 \cdot 0{,}999 + 0{,}9993 \cdot 0{,}002 = 0{,}002698,$$

wobei

$$P(B_2) = 1 - P(B_1) = 1 - 0{,}0007 = 0{,}9993,$$
$$P(A|B_2) = 1 - P(\bar{A}|B_2) = 1 - 0{,}998 = 0{,}002.$$

Daraus folgt, dass von 1.000.000 Personen ca. 2698 „positiv" getestet werden. Das sind etwa viermal so viele Personen, als wirklich infiziert sind. Von vier „positiven" Testergebnissen sind drei *falsch*!

Frage 2: Wie wahrscheinlich ist es, das eine Person mit „positivem" Testergebnis auch wirklich HIV-infiziert ist?

Antwort: Wir suchen $P\left(\underbrace{B_1}_{\text{HIV}} \middle| \underbrace{A}_{\text{Test positiv}}\right)$ und nutzen dazu die Formel von Bayes:

$$P(B_1|A) = \frac{P(B_1) \cdot P(A|B_1)}{P(A)} = \frac{0{,}0007 \cdot 0{,}999}{0{,}002698}$$
$$\approx 0{,}2592.$$

Nur 25,92 % der „positiv" getesteten Personen sind tatsächlich HIV-infiziert!

Auch für dieses Beispiel konstruieren wir eine Vierfeldertafel (Abb. 3.9) und berechnen dazu die Schnittwahrscheinlichkeiten:

$$P(A \cap B_1) = P(B_1) \cdot P(A|B_1)$$
$$= 0{,}0007 \cdot 0{,}999 \approx 0{,}000699,$$
$$P(A \cap B_2) = P(B_2) \cdot P(A|B_2)$$
$$= 0{,}9993 \cdot 0{,}002 \approx 0{,}001999,$$
$$P(\bar{A} \cap B_1) = P(B_1) \cdot P(\bar{A}|B_1)$$
$$= P(B_1) \cdot (1 - P(A|B_1))$$
$$= 0{,}0007 \cdot 0{,}001$$
$$= 0{,}0000007 \approx 0{,}000001,$$
$$P(\bar{A} \cap B_2) = P(B_2) \cdot P(\bar{A}|B_2)$$
$$= 0{,}9993 \cdot 0{,}998 \approx 0{,}997301.$$

	A: Test „positiv"	$\bar{A}$: Test „negativ"	
B_1 HIV	$P(A \cap B_1) =$ 0,000699 699 Personen	$P(\bar{A} \cap B_1) =$ 0,000001 1 Person	$P(B_1) =$ 0,0007 700 Personen
B_2 kein HIV	$P(A \cap B_2) =$ 0,001999 1999 Personen	$P(\bar{A} \cap B_2) =$ 0,997301 997.301 Personen	$P(B_2) =$ 0,9993 999.300 Pers.
	$P(A) = 0{,}002698$ 2698 Personen	$P(\bar{A}) = 0{,}997302$ 997.302 Personen	1 1.000.000 Pers.

Abb. 3.9 Vierfeldertafel für den ELISA-Test

Interessant ist die Frage, wie die Wahrscheinlichkeiten aussähen, wenn der Test rein zufällig ausfallen würde, d. h. unabhängig davon, ob das Virus vorhanden wäre oder nicht.

In diesem Fall wären die Ereignisse A und B_1 bzw. $\bar{A}$ und B_2 unabhängig, und für die Berechnung der Schnittwahrscheinlichkeiten würde gelten:

$$P(A \cap B_i) = P(A)P(B_i), \quad P(\bar{A} \cap B_i) = P(\bar{A})P(B_i).$$

Abb. 3.10 zeigt die Zusammenhänge unter der Annahme, dass die Wahrscheinlichkeit eines „positiven" Testergebnisse wie zuvor $P(A) = 0{,}002696$ ist.

Unter dieser (für Tests wie den ELISA-Test natürlich nicht zutreffenden) Annahme der Unabhängigkeit von Testergebnis und Infektion würden nur zwei von insgesamt 700 HIV-infizierten Personen durch den Test erkannt. Dieser Vergleich verdeutlicht, dass eine unbegründete Unabhängigkeitsannahme zu extrem falschen Ergebnissen führen kann.

	A: Test „positiv"	$\bar{A}$: Test „negativ"	
B_1 HIV	$P(A \cap B_1) =$ 0,000002 2 Personen	$P(\bar{A} \cap B_1) =$ 0,000698 698 Personen	$P(B_1) =$ 0,0007 700 Personen
B_2 kein HIV	$P(A \cap B_2) =$ 0,002696 2696 Personen	$P(\bar{A} \cap B_2) =$ 0,996604 996.604 Personen	$P(B_2) =$ 0,9993 999.300 Pers.
	$P(A) = 0{,}002698$ 2698 Personen	$P(\bar{A}) = 0{,}997302$ 997.302 Personen	1 1.000.000 Pers.

Abb. 3.10 Vierfeldertafel für unabhängige Ereignisse

3.4 Wiederholung der wichtigsten Rechenregeln für Wahrscheinlichkeiten

1. Für jedes Ereignis A gilt: $0 \leq P(A) \leq 1$.
2. $P(\Omega) = 1$; $P(\emptyset) = 0$.
3. Für zwei Ereignisse A und B, die einander ausschließen, gilt $P(A \cup B) = P(A) + P(B)$.
   Für N Ereignisse $A_1, A_2, \ldots, A_N$, die sich wechselseitig ausschließen, gilt

$$P(A_1 \cup A_2 \cup \ldots \cup A_N) = \sum_{i=1}^{N} P(A_i).$$

4. Für zwei beliebige Ereignisse A und B gilt $P(A \cup B) = P(A) + P(B) - P(A \cap B)$.
5. Zwei Ereignisse A und B sind voneinander unabhängig, wenn $P(A \cap B) = P(A) \cdot P(B)$.
6. $P(B|A) = \frac{P(A \cap B)}{P(A)}$ bezeichnet die bedingte Wahrscheinlichkeit, falls $P(A) > 0$ ist.
   Für zwei beliebige Ereignisse A und B gilt:

$$P(A \cap B) = P(A) \cdot P(B|A) = P(B) \cdot P(A|B),$$

falls $P(A) > 0$ und $P(B) > 0$.
7. Sind die Ereignisse A und B unabhängig und haben positive Wahrscheinlichkeiten, so gilt:

$$P(A|B) = P(A) \quad \text{und} \quad P(A|B) = P(B).$$

8. Wenn die Ereignisse $B_1, B_2, \ldots, B_N$ eine vollständige Zerlegung von Ω bilden, so gilt für jedes Ereignis A der Satz über

die totale Wahrscheinlichkeit,

$$P(A) = \sum_{i=1}^{N} P(B_i) \cdot P(A \mid B_i),$$

und die Formel von Bayes,

$$P(B_i \mid A) = \frac{P(B_i) \cdot P(A \mid B_i)}{P(A)} = \frac{P(B_i) \cdot P(A \mid B_i)}{\sum_{j=1}^{N} P(B_j) \cdot P(A \mid B_j)}$$

Zufallsvorgänge und Verteilungen

Was ist eine Zufallsgröße?

Wie berechnet man Mittelwert und Streuung einer solchen Größe?

Wie lässt sich der Zusammenhang von Zufallsgrößen bestimmen?

4.1	Verteilung einer Zufallsgröße	30
4.2	Parameter einer Verteilung	32
4.3	Diskrete gemeinsame Verteilungen	36
4.4	Gemeinsame stetige Verteilungen	37
4.5	Kovarianz und Korrelation	38
4.6	Summen von Zufallsgrößen	40
4.7	Stochastische Prozesse	40
4.8	Unabhängige und identisch verteilte Zufallsgrößen	41
4.9	Wahrscheinlichkeit und Häufigkeit (Gesetz der großen Zahlen)	42

4 Zufallsgrößen und Verteilungen

Der Umgang mit zufälligen Ereignissen und Wahrscheinlichkeiten wird sehr viel einfacher, wenn man die möglichen Ergebnisse eines Experiments durch Zahlen beschreibt. Dieses Kapitel handelt von Zufallsgrößen und ihren Wahrscheinlichkeitsverteilungen.

Definition

Eine **Zufallsgröße** ist eine Funktion, die jedem Ergebnis ω eines Zufallsexperiments eine reelle Zahl $X(\omega)$ zuordnet:

$$X\colon \Omega \to \mathbb{R}, \quad \omega \mapsto X(\omega).$$

Statt Zufallsgröße sagt man auch **Zufallsvariable**, entsprechend dem englischen Begriff *random variable*.

B 4.1 Würfeln (1)

Es gibt sechs mögliche Ergebnisse, ω_i = „Würfeln der Zahl i" für $i = 1, 2, 3, 4, 5, 6$, also $\Omega = \{\omega_1, \omega_2, \omega_3, \omega_4, \omega_5, \omega_6\}$.

Das Ergebnis ω_i wird durch die Augenzahl i ausgedrückt: $X(\omega_i) = i$.

Man sagt, i sei die **Realisierung** der Zufallsvariablen X an der Stelle ω_i. ◂

Zufallsvariable können diskrete Größen oder stetige Größen sein. Beispiele **diskret verteilter Zufallsgrößen** sind:

- Ergebnis eines Würfelwurfs,
- Konfektionsgröße einer zufällig ausgewählten Person.

Beispiele **stetig verteilter Zufallsgrößen** sind:

- Körpergröße einer zufällig ausgewählten Person,
- Fertigungstoleranz eines Werkstücks aus laufender Produktion.

4.1 Verteilung einer Zufallsgröße

Bei einer Zufallsgröße X interessiert häufig die Wahrscheinlichkeit, dass sie in ein bestimmtes Intervall $[a, b]$ fällt. Es handelt sich dabei um das Ereignis

$$A = \{\omega \in \Omega : a \leq X(\omega) \leq b\}.$$

Für seine Wahrscheinlichkeit schreibt man kurz

$$P(a \leq X \leq b).$$

Entsprechende Bedeutung haben die Wahrscheinlichkeiten*

$$P(a < X \leq b), \quad P(a \leq X < b),$$
$$P(a < X < b), \quad P(X \leq b) \text{ usw.}$$

---

* Genau gesagt wird eine Funktion $X :\to \mathbb{R}$ nur dann als **Zufallsgröße** bezeichnet, wenn tatsächlich jedem dieser Intervalle eine Wahrscheinlichkeit zugeordnet ist.

Speziell betrachtet man für jede Zahl x die Wahrscheinlichkeit, dass X den Wert x nicht überschreitet. Man erhält so die **Verteilungsfunktion** F_X der Zufallsgröße X:

$$F_X(x) = P(X \leq x), \quad x \in \mathbb{R}. \tag{4.1}$$

B 4.2 Würfeln (2)

An der Verteilungsfunktion (Abb. 4.1) sehen wir, dass

- die Wahrscheinlichkeit, dass eine Zahl nicht größer als 3 gewürfelt wird, 0,5 ist,
- die Wahrscheinlichkeit, dass eine Zahl nicht größer als 6 gewürfelt wird, 1 ist.

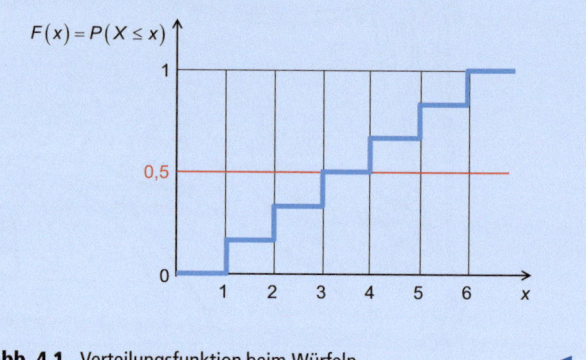

Abb. 4.1 Verteilungsfunktion beim Würfeln ◂

Statt $F_X(x)$ schreibt man meist kürzer $F(x)$, wenn klar ist, welche Zufallsgröße X gemeint ist.

4.1.1 Diskret verteilte Zufallsgröße

X heißt **diskret verteilt**, wenn X nur endlich viele Werte $x_1, x_2, \ldots, x_n$ mit positiven Wahrscheinlichkeiten

$$p_1 = P(X = x_1), \ldots, p_N = P(X = x_N)$$

annimmt. Es gilt dann

Definition

$$\sum_{i=1}^{N} p_i = 1, \quad 0 \leq p_i \leq 1.$$

Eine Zufallsgröße X heißt auch dann diskret verteilt, wenn sie eine unendliche Folge von Werten $x_1, x_2, x_3, \ldots$ mit positiven Wahrscheinlichkeiten $p_1 = P(X = x_1), p_2 = P(X = x_2), p_3 = P(X = x_3), \ldots$ annimmt.

Die Funktion, die jedem Wert x_i seine Wahrscheinlichkeit p_i zuordnet, kurz $x_i \mapsto p_i$, und im Übrigen gleich null ist, nennt man **Wahrscheinlichkeitsfunktion**.

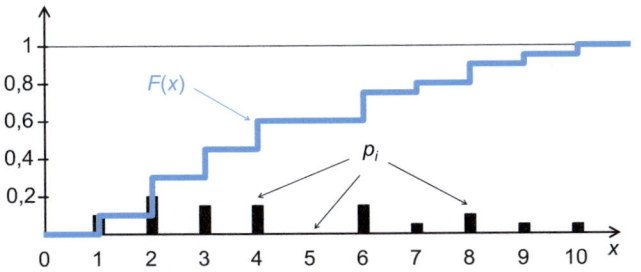

Abb. 4.2 Wahrscheinlichkeitsfunktion (*schwarz*) und Verteilungsfunktion (*blau*) einer diskreten Zufallsgröße

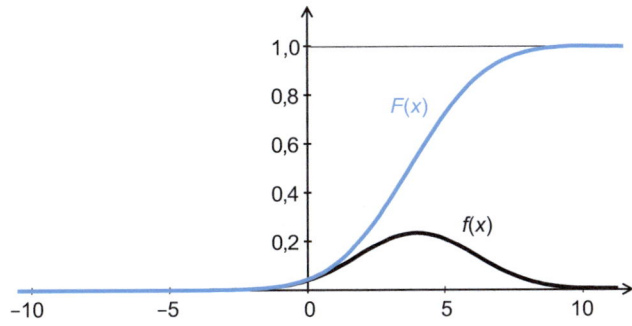

Abb. 4.3 Verteilungsfunktion und Dichte einer stetig verteilten Zufallsgröße

Die Verteilungsfunktion einer diskreten Zufallsgröße ist treppenförmig mit Stufen bei den Werten x_i (Abb. 4.2):

$$F(x) = P(X \leq x) = \sum_{i:\, x_i \leq x} P(X = x_i) = \sum_{i:\, x_i \leq x} p_i. \quad (4.2)$$

Die Höhe der Stufe bei x_1 ist $p_i = P(X = x_i)$.

4.1.2 Stetig verteilte Zufallsgröße

Eine Zufallsgröße X heißt **stetig verteilt**, wenn ihre Verteilungsfunktion $F(x)$ die Stammfunktion einer Funktion $f(x)$ ist, d. h., wenn für alle $x \in \mathbb{R}$ gilt:

$$F(x) = P(X \leq x) = \int_{-\infty}^{x} f(x)\, dx. \quad (4.3)$$

Die Funktion $f(x)$ heißt **Wahrscheinlichkeitsdichte** oder kurz **Dichte** von X. Dann ist die Verteilungsfunktion für alle x stetig und für „fast alle" x gilt[†]:

$$f(x) = F'(x) = \frac{dF(x)}{dx}.$$

Eine Dichte ist nirgends negativ und schließt die Fläche $1 = F(\infty)$ mit der x-Achse ein:

> **Definition**
>
> $$\int_{-\infty}^{\infty} f(x)\, dx = 1, \quad f(x) \geq 0.$$

Abb. 4.3 zeigt ein Beispiel einer Verteilungsfunktion $F(x)$ (*blau*) und ihrer dazugehörigen Wahrscheinlichkeitsdichte $f(x)$ (*schwarz*).

[†] Für „fast alle x" heißt: für alle x außer höchstens einer Folge von Ausnahmepunkten.

Wir sehen anhand von Beispiel 4.2 (Abb. 4.1), dass die Verteilungsfunktion beim Würfeln eine Treppenfunktion mit sechs Stufen ist, die bei den Werten $1, 2, 3, 4, 5$ und 6 liegen. Jede Stufe hat die Höhe $1/6$, was der Wahrscheinlichkeit des einzelnen Ergebnisses entspricht. Die Augenzahl beim Würfelwurf ist eine diskret verteilte Zufallsgröße.

Demgegenüber macht die Verteilungsfunktion einer stetig verteilten Zufallsgröße keine Sprünge; sie ist außerdem an „fast allen" Stellen differenzierbar.

4.1.3 Rechnen mit Verteilungsfunktionen

Häufig interessiert uns die Wahrscheinlichkeit, dass eine Zufallsgröße X in ein bestimmtes Intervall fällt. Sie lässt sich leicht aus der Verteilungsfunktion von X berechnen. Dabei müssen wir im Allgemeinen unterscheiden, ob das Intervall links halboffen, offen, rechts halboffen oder abgeschlossen ist. Die entsprechenden Wahrscheinlichkeiten sind:

$$P(X \in \,]a,b]) = P(a < X \leq b)$$
$$= P(X \leq b) - P(X \leq a) = F(b) - F(a),$$
$$P(X \in \,]a,b[) = P(a < X < b)$$
$$= P(X < b) - P(X \leq a) = F(b-) - F(a),$$
$$P(X \in [a,b[) = P(a \leq X < b)$$
$$= P(X < b) - P(X < a) = F(b-) - F(a-),$$
$$P(X \in [a,b]) = P(a \leq X \leq b)$$
$$= P(X \leq b) - P(X < a) = F(b) - F(a-).$$

Dabei bezeichnet $F(b-)$ den linksseitigen Grenzwert an der Stelle b:

$$F(b-) = \lim_{z \nearrow b} F(z) = P(X < b).$$

Entsprechend ist $F(a-)$ definiert.

Außer diesen allgemeinen Formeln gibt es spezielle für diskrete bzw. stetige Verteilungen.

Für *diskret* verteilte Zufallsgrößen gilt

$$\sum_{i=1}^{N} p_i = 1, \quad 0 \leq p_i \leq 1, \quad P(a \leq X \leq b) = \sum_{i:\, a \leq x_i \leq b} p_i.$$

Für *stetig* verteilte Zufallsgrößen haben wir

$$\int_{-\infty}^{\infty} f(x)\, dx = 1, \quad f(x) \geq 0.$$

Die Wahrscheinlichkeit, dass X in ein bestimmtes Intervall fällt, erhält man, indem man die Dichte von X über das Intervall integriert. Das heißt, die Wahrscheinlichkeit ist gleich der Fläche unter der Dichte, wobei es nicht darauf ankommt, ob die Endpunkte zum Intervall gehören oder nicht:

$$\begin{aligned} P(a < X \leq b) &= P(a \leq X \leq b) = P(a \leq X < b) \\ &= P(a < X < b) = \int_a^b f(x)\, dx. \end{aligned} \quad (4.4)$$

Die Verteilungsfunktion $F(x)$ einer Zufallsgröße X ist

- monoton wachsend: $F(a) \leq F(b)$, falls $a < b$,
- von rechts stetig: $\lim_{z \searrow x} F(z) = F(x)$
- mit Grenzwerten 0 und 1: $\lim_{x \to -\infty} F(x) = 0$, $\lim_{x \to \infty} F(x) = 1$.

Das Verhalten einer Zufallsgröße X wird durch ihre Verteilungsfunktion $F(x)$ vollständig charakterisiert. Umgekehrt kann jede reelle Funktion $F(x)$, die diese drei Eigenschaften besitzt, als Verteilungsfunktion einer Zufallsgröße dienen.

Die Dichte einer Zufallsgröße ist überall ≥ 0, und ihr Integral ist gleich 1. Umgekehrt ist jede Funktion, die diese beiden Eigenschaften hat, die Dichte einer Zufallsgröße.

4.2 Parameter einer Verteilung

Erwartungswert $E(X)$

Meist ist man in erster Linie an einem mittleren Wert der Zufallsgröße X interessiert. Der Erwartungswert $E(X)$ gibt die durchschnittliche Lage der Realisationen von X an. Für eine diskrete bzw. stetige Zufallsgröße ist er wie folgt definiert.

Definition

Falls X diskret verteilt ist:

$$E(X) = \sum_i x_i p_i. \quad (4.5)$$

Falls X stetig verteilt ist:

$$E(X) = \int_{-\infty}^{\infty} x \cdot f(x)\, dx. \quad (4.6)$$

Im diskreten Fall ist der Erwartungswert X das gewichtete arithmetische Mittel der möglichen Werte x_i von X, gewichtet mit den Wahrscheinlichkeiten p_i ihres Auftretens. Summiert wird über alle $i = 1, 2, \ldots, N$ bzw. alle $i \in \mathbb{N}$.

Abb. 4.4 Die Fallgrube „Mittelwert"

Alte Weisheit: „Im Durchschnitt war der Teich einen halben Meter tief, doch trotzdem ist die Kuh ertrunken."

Bei einer stetigen Zufallsgröße tritt an die Stelle der Summe ein Integral und an die Stelle der einzelnen Wahrscheinlichkeiten p_i die Dichte $f(x)$.

Achtung Die Zufallsgröße X wird allerdings nur unzureichend durch ihre Lage, d. h. $E(X)$, beschrieben. Es kommt auch darauf an, wie die Variable streut. (Dieser Sachverhalt wurde der Kuh in Abb. 4.4. zum Verhängnis.) ◂

Varianz $\mathrm{Var}(X)$

Ein Maß der Streuung ist die **Varianz** von X. Sie ist allgemein definiert durch

$$\mathrm{Var}(X) = E\left((X - E(X))^2\right) = E(X^2) - (E(X))^2.$$

Die Varianz $\mathrm{Var}(X)$ misst die erwartete quadratische Abweichung vom Erwartungswert. Die beiden für die Varianz angegebenen Formeln ergeben denselben Wert; die zweite ist allerdings meist bequemer zu berechnen.

Im diskreten bzw. stetigen Fall lauten die Formeln wie folgt:

Definition

Falls X diskret verteilt ist:

$$\begin{aligned} \mathrm{Var}(X) &= \sum_i \left[x_i - \sum_i x_i p_i\right]^2 p_i \\ &= \sum_i x_i^2 p_i - \left[\sum_i x_i p_i\right]^2. \end{aligned} \quad (4.7)$$

Falls X stetig verteilt ist:

$$\mathrm{Var}(X) = \int_{-\infty}^{\infty} \left[x - \int_{-\infty}^{\infty} y \cdot f(y) dy \right]^2 \cdot f(x) \, dx$$
$$= \int_{-\infty}^{\infty} x^2 \cdot f(x) \, dx - \left[\int_{-\infty}^{\infty} y \cdot f(y) \, dy \right]^2. \quad (4.8)$$

Wir leiten im stetigen Fall die letzte Formel her:

$$\mathrm{Var}(X) = \int_{-\infty}^{\infty} [x - E(X)]^2 \cdot f(x) \, dx$$
$$= \int_{-\infty}^{\infty} \left\{ x^2 - 2xE(X) + [E(X)]^2 \right\} \cdot f(x) \, dx$$
$$= \int_{-\infty}^{\infty} x^2 \cdot f(x) \, dx - 2 \cdot E(X)$$
$$\cdot \underbrace{\int_{-\infty}^{\infty} x \cdot f(x) \, dx}_{E(X)} + [E(X)]^2 \cdot \underbrace{\int_{-\infty}^{\infty} f(x) \, dx}_{1}$$
$$= \int_{-\infty}^{\infty} x^2 \cdot f(x) \, dx - 2 \cdot [E(X)]^2 + [E(X)]^2$$
$$= \int_{-\infty}^{\infty} x^2 \cdot f(x) \, dx - \left[\int_{-\infty}^{\infty} x \cdot f(x) \, dx^2 \right].$$

B 4.3 Diskrete Gleichverteilung

Eine Zufallsgröße X ist **diskret gleichverteilt** auf der Menge $\{1, 2, \ldots, N\}$, wenn sie diese Werte mit jeweils gleicher Wahrscheinlichkeit $1/N$ annimmt. Beispielsweise ist das Ergebnis eines fairen Würfelwurfs diskret gleichverteilt mit $N = 6$.

Wir berechnen Erwartungswert und Varianz einer diskret gleichverteilten Zufallsgröße.

Für alle $i = 1, 2, \ldots, N$ gilt $p_i = 1/N$ also

$$E(X) = \sum_{i=1}^{N} x_i \cdot p_i = \sum_{i=1}^{N} i \cdot \frac{1}{N}$$
$$= \frac{N(N+1)}{2} \cdot \frac{1}{N} = \frac{N+1}{2}.$$

Abb. 4.5 zeigt die Lage des Erwartungswertes für $N = 10$.

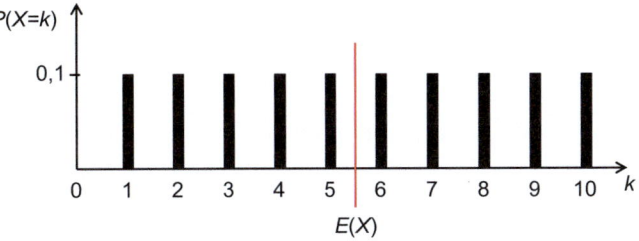

Abb. 4.5 Diskrete Gleichverteilung mit $N = 10$

Wir haben hier die Formel des „kleinen Gauß" (▶ Kap. 6) verwendet, wonach

$$\sum_{k=1}^{N} k = \frac{N(N+1)}{2}.$$

Eine ähnliche Formel gilt für die Summe der Quadrate:

$$\sum_{k=1}^{N} k^2 = \frac{N(N+1)(2N+1)}{6}.$$

Diese benutzen wir im Folgenden für die Berechnung der Varianz:

$$\mathrm{Var}(X) = \sum_{i=1}^{N} x_i^2 p_i - [E(X)]^2 = \sum_{i=1}^{N} i^2 \cdot \frac{1}{N} - \left[\frac{N+1}{2} \right]^2$$
$$= \frac{N(N+1)(2N+1)}{6} \cdot \frac{1}{N} - \left[\frac{N+1}{2} \right]^2$$
$$= \frac{2(N+1)(2N+1) - 3(N+1)^2}{12}$$
$$= \frac{(N+1)[2(2N+1) - 3(N+1)]}{12}$$
$$= \frac{(N+1)(4N+2-3N-3)}{12}$$
$$= \frac{(N+1)(N-1)}{12} = \frac{N^2-1}{12}. \quad \blacktriangleleft$$

B 4.4 Stetige Verteilung

Eine stetige Zufallsgröße habe die Dichtefunktion $f(x)$ wie in Abb. 4.6 dargestellt. Wir berechnen ihren Erwartungswert und ihre Varianz.

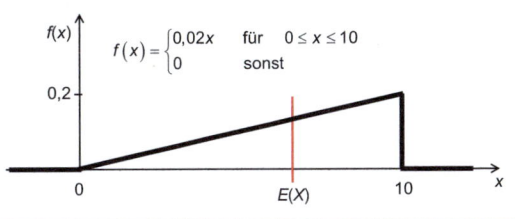

Abb. 4.6 Verteilungsdichte einer stetig verteilten Zufallsvariablen

Mit (4.6) und (4.8) ergibt sich:

$$E(x) = \int_{-\infty}^{+\infty} x \cdot f(x)\, dx = \int_0^{10} x \cdot 0{,}02x\, dx$$

$$= 0{,}02 \cdot \frac{x^3}{3}\bigg|_0^{10} = \frac{0{,}02}{3} \cdot (1000 - 0) = \frac{20}{3}$$

$$= 6{,}6667.$$

$$\text{Var}(x) = \int_{-\infty}^{\infty} x^2 \cdot f(x)\, dx - [E(X)]^2$$

$$= \int_0^{10} x^2 \cdot 0{,}02x\, dx - [E(X)]^2$$

$$= 0{,}02 \cdot \frac{x^4}{4}\bigg|_0^{10} - \left[\frac{20}{3}\right]^2 = \frac{200}{4} - \frac{400}{9}$$

$$= \frac{1800 - 1600}{36} = \frac{50}{9} = 5{,}5556. \blacktriangleleft$$

Erwartungswert und Varianz sind Parameter der Verteilung von X. Weitere wichtige Parameter sind die **Standardabweichung** sowie die **Schiefe** und die **Wölbung** (**Kurtosis**) der Verteilung.

Standardabweichung $\sigma(X)$

Allgemein ist die **Standardabweichung** definiert durch

$$\sigma(X) = \sqrt{\text{Var}(X)}.$$

Für diskrete bzw. stetige Zufallsgrößen verwendet man spezielle Formeln.

Definition

Falls X diskret verteilt ist:

$$\sigma(X) = \sqrt{\sum_i [x_i - E(X)]^2 \cdot p_i}. \qquad (4.9)$$

Falls X stetig verteilt ist:

$$\sigma(X) = \sqrt{\int_{-\infty}^{\infty} [x - E(X)]^2 \cdot f(x)\, dx}. \qquad (4.10)$$

Schiefe $\delta(X)$

Die **Schiefe** misst Abweichungen einer Wahrscheinlichkeitsverteilung von der Symmetrie. Allgemein ist die Schiefe wie folgt definiert:

$$\delta(X) = \frac{E\left[(X - E(X))^3\right]}{(\sigma(X))^3}.$$

Definition

Falls X diskret verteilt ist:

$$\delta(X) = \frac{\sum_{i=1}^{N} [x_i - E(X)]^3 \cdot p_i}{(\sigma(X))^3}. \qquad (4.11)$$

Falls X stetig verteilt ist:

$$\delta(X) = \frac{\int_{-\infty}^{\infty} [x - E(X)]^3 \cdot f(x)\, dx}{(\sigma(X))^3}. \qquad (4.12)$$

Die Schiefe einer stetigen Verteilung bezieht sich auf die Gestalt ihrer *Dichte*:

- $\delta(X) > 0$, falls die Dichte rechtsschief ist,
- $\delta(X) < 0$, falls die Dichte linksschief ist,
- $\delta(X) = 0$, falls die Dichte symmetrisch ist.

Entsprechendes gilt für die *Wahrscheinlichkeitsfunktion* einer diskreten Verteilung.

Wölbung (Kurtosis) $\gamma(X)$

Die **Wölbung** (auch **Kurtosis** genannt) wird analog der Schiefe, jedoch statt mit der dritten mit der vierten Potenz definiert. Sie misst, wie stark die äußeren Flanken der Verteilung gegenüber dem Zentrum besetzt sind. Die allgemeine Definition ist

$$\gamma(X) = \frac{E\left[(X - (E[X]))^4\right]}{(\sigma(X))^4}.$$

Definition

Falls X diskret verteilt ist:

$$\gamma(X) = \frac{\sum_{i=1}^{N} [x_i - E(X)]^4 \cdot p_i}{(\sigma(X))^4}. \qquad (4.13)$$

Falls X stetig verteilt ist:

$$\gamma(X) = \frac{\int_{-\infty}^{\infty} [x - E(X)]^4 \cdot f(x)\, dx}{(\sigma(X))^4}. \qquad (4.14)$$

Zentrales Moment k-ter Ordnung $\mu_k(X)$

Als **zentrales Moment k-ter Ordnung** bezeichnet man

$$\mu_k(X) = E\left[(X - E[X])^k\right] \quad \text{für } k = 1, 2, \ldots$$

Das ist die erwartete Abweichung hoch k einer Zufallsgröße von ihrem Erwartungswert. Speziell:

Definition

Falls X diskret verteilt ist:

$$\mu_k(X) = \sum_{i=1}^{N} (x_i - E(X))^k \cdot p_i. \quad (4.15)$$

Falls X stetig verteilt ist:

$$\mu_k(X) = \int_{-\infty}^{\infty} (x - E(X))^k \cdot f(x)\, dx. \quad (4.16)$$

Man mache sich klar, dass $\mu_1(X) = 0$ und $\mu_2(X) = \mathrm{Var}(X)$ ist. Schiefe und Kurtosis lassen sich durch k-te Momente ausdrücken:

$$\delta(X) = \frac{\mu_3(X)}{\mu_2(X)^{\frac{3}{2}}},$$

$$\gamma(X) = \frac{\mu_4(X)}{\mu_2(X)^2}.$$

Für beliebige Zahlen α und β gilt:

$$\begin{aligned} \mathrm{Var}(\beta X + \alpha) &= \beta^2 \cdot \mathrm{Var}(X), \\ \sigma(\beta X + \alpha) &= \beta \cdot \sigma(X). \end{aligned} \quad (4.17)$$

Varianz und Standardabweichung ändern sich nicht, wenn man zur Zufallsgröße eine konstante Zahl addiert; sie sind **lageinvariant**. Die Standardabweichung ist ein **Skalenparameter**: Wenn man alle Werte einer Zufallsgröße X mit einer positiven Zahl β multipliziert, dann multipliziert sich die Standardabweichung mit β.

Achtung Die Varianz ist kein Skalenparameter. Sie ändert sich mit dem Quadrat des Faktors β. ◀

Ebenso sind Schiefe $\delta(X)$ und Wölbung $\gamma(X)$ lageinvariant. Sie sind beide auch skaleninvariant; denn für einen beliebigen Skalenfaktor $\beta > 0$ gilt:

$$\begin{aligned} \delta(\beta \cdot X) &= \delta(X), \\ \gamma(\beta \cdot X) &= \gamma(X). \end{aligned} \quad (4.18)$$

B 4.5 Momente beim Würfeln

Wir berechnen den Erwartungswert, die Standardabweichung und die Schiefe beim Wurf eines Würfels:

$$E(X) = 3{,}5, \quad \mathrm{Var}(X) = \frac{35}{12} \approx 2{,}92,$$

$$\sigma(X) = \sqrt{\mathrm{Var}(X)} \approx 1{,}71,$$

$$\delta(X) = 0, \quad \text{da die Verteilung symmetrisch ist!}$$

Erwartungswert und Standardabweichung sind in Abb. 4.7 dargestellt.

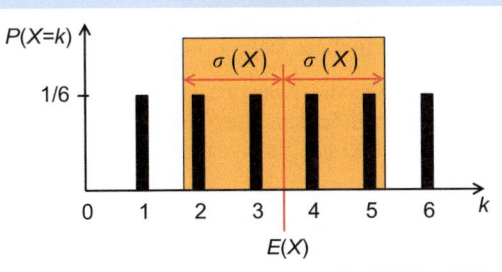

Abb. 4.7 Erwartungswert und Standardabweichung beim Würfeln ◀

Modus

Einen Wert x, an dem die Dichte einer stetigen Verteilung maximal ist, nennt man **Modus** (Abb. 4.8).

Der Modus ist ebenso wie der Erwartungswert ein **Lageparameter**: Wenn man zu X eine konstante Zahl addiert, erhöht sich ein Lageparameter um dieselbe Zahl. Die abgebildete Dichte ist **unimodal**, d. h., sie hat nur einen Gipfel. Sie ist außerdem **rechtsschief**, was bedeutet, dass sie rechts vom Modus weniger steil abfällt als links vom Modus. Entsprechend wird eine Dichte als **linksschief** bezeichnet, wenn sie unimodal ist und links weniger steil abfällt als rechts.

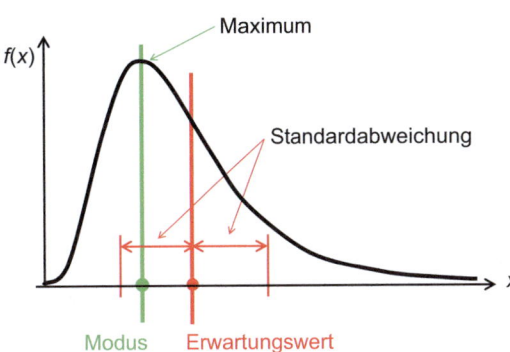

Abb. 4.8 Modus, Erwartungswert und Standardabweichung

Quantil und Median

Weitere viel gebrauchte Lageparameter sind der Median und allgemein die Quantile. Für eine *stetige* Verteilung mit Dichte $f(x)$ sind sie wie folgt definiert:

Definition

Die Zahl q_α heißt α-Quantil oder **Quantil der Ordnung α**, falls

$$F(q_\alpha) = \int_{-\infty}^{q_\alpha} f(x)\,dx = \alpha.$$

Abb. 4.9 verdeutlicht diese Definition.

Als Beispiel können die Antwortzeiten eines Servers dienen: Wenn die Wahrscheinlichkeit, dass eine Antwortzeit kleiner als 100 ms ist, 95 % beträgt, dann ist das 0,95-Quantil $q_{0,95} = 100$ ms.

Als (theoretischen) **Median** bezeichnet man das 0,5-Quantil. Der Median einer stetigen Verteilung teilt die Fläche unter der Verteilungsdichte $f(x)$ in zwei gleich große Hälften, sodass gilt (Abb. 4.10):

$$P(X \leq \text{Median}) = 0{,}5; \quad P(X > \text{Median}) = 0{,}5.$$

Quantile und Median einer diskret verteilten Zufallsgröße sind entsprechend definiert.

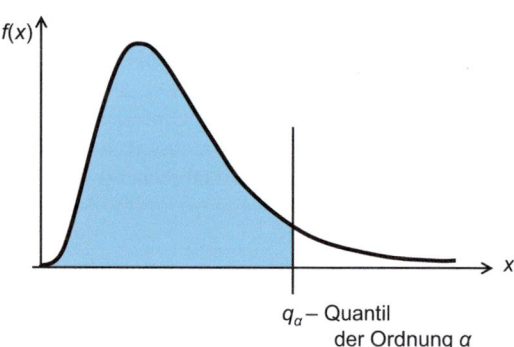

Abb. 4.9 Quantil

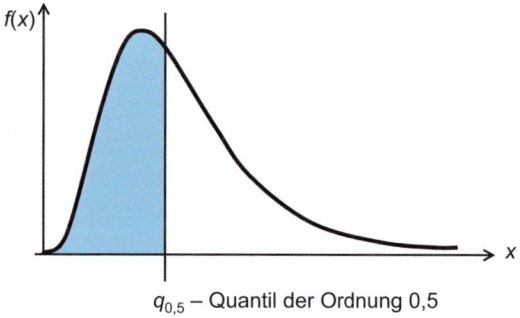

Abb. 4.10 Median

4.3 Diskrete gemeinsame Verteilungen

Sind mehrere Zufallsgrößen zugleich zu untersuchen, fasst man sie zu einem **Zufallsvektor** zusammen. Wir beschränken uns zunächst auf zwei Zufallsgrößen X und Y, die gemeinsam diskret verteilt sind. X möge die Werte $x_1, x_2, \ldots, x_r$ annehmen, Y die Werte $y_1, y_2, \ldots, y_s$.

Die Wahrscheinlichkeit

$$p_{ij} = P(X = x_i, Y = y_j),$$

dass X seinen i-ten Wert und Y zugleich seinen j-ten Wert annimmt, bezeichnet man als **gemeinsame Wahrscheinlichkeit** ($i = 1, \ldots, t, j = 1, \ldots, s$). Diese Wahrscheinlichkeiten bilden die **gemeinsame diskrete Verteilung** des **Zufallsvektors** (X, Y) und werden in einer **Verteilungstabelle** (Kreuztabelle) dargestellt (Abb. 4.11).

Die **Randwahrscheinlichkeiten** ergeben sich als Zeilensummen bzw. Spaltensummen:

$$p_i = p_{i1} + \ldots + p_{is} \quad \text{Zeilensumme,}$$
$$q_j = p_{1j} + \ldots + p_{rj} \quad \text{Spaltensumme,}$$
$$p_i = P(X = x_i) \quad \text{und} \quad q_j = P(Y = y_i),$$
$$\sum_{i=1}^{r} \sum_{j=1}^{s} p_{ij} = 1.$$

Definition

Die **Zufallsgrößen** X und Y nennt man stochastisch **unabhängig**, wenn ihre gemeinsamen Wahrscheinlichkeiten gleich dem Produkt der Randwahrscheinlichkeiten sind, d. h., für alle i und j gilt:

$$p_{ij} = P(x_i) \cdot P(y_j). \tag{4.19}$$

Dann sind nicht nur für jede Wahl von i und j die beiden Ereignisse $\{X = x_i\}$ und $\{Y = y_j\}$ voneinander unabhängig, sondern auch jedes in X ausgedrückte Ereignis von jedem in Y ausgedrückten Ereignis.

Y \ X	y_1	$\ldots$	y_j	$\ldots$	y_s	
x_1	p_{11}	$\ldots$	p_{1j}	$\ldots$	p_{1s}	p_1
$\vdots$	$\vdots$		$\vdots$		$\vdots$	$\vdots$
x_i	p_{i1}	$\ldots$	p_{ij}	$\ldots$	p_{is}	p_i
$\vdots$	$\vdots$		$\vdots$		$\vdots$	$\vdots$
x_r	p_{r1}	$\ldots$	p_{rj}	$\ldots$	p_{rs}	p_r
	q_1	$\ldots$	q_j	$\ldots$	q_s	1

Abb. 4.11 Verteilungstabelle für zwei Zufallsgrößen

B 4.6 Verteilungstabelle

Gegeben ist die in Abb. 4.12 dargestellte Verteilungstabelle zweier Zufallsgrößen X und Y.

$X \backslash Y$	y_1	y_2	
x_1	p_{11}	p_{12}	p_1
x_2	p_{21}	p_{22}	p_2
x_3	p_{31}	p_{32}	p_3
	q_1	q_2	1

$X \backslash Y$	1	2	
1	0,1	0,6	0,7
2	0,05	0,05	0,1
3	0,15	0,05	0,2
	0,3	0,7	1

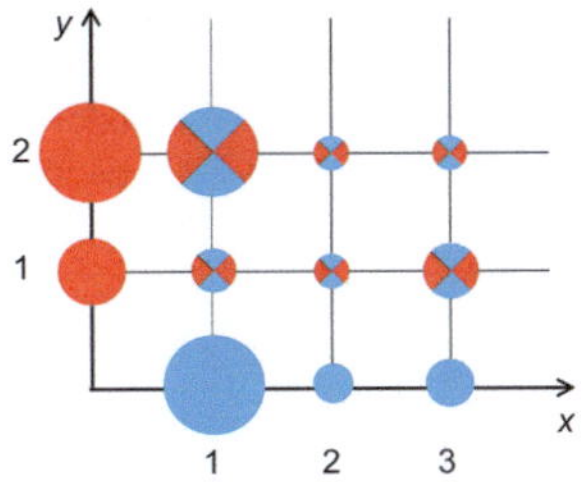

Abb. 4.12 Verteilungstabelle

Die Verteilungen von X und Y werden im Gegensatz zur gemeinsamen Verteilung des Zufallsvektors (X, Y) auch **Randverteilungen** genannt.

Anhand von Abb. 4.12 sollen

1. die Randwahrscheinlichkeiten $P(X = 1), P(X = 2), P(X = 3), P(Y = 1), P(Y = 2)$ und
2. die gemeinsamen Wahrscheinlichkeiten $P(X \geq 2, Y \leq 1{,}5)$ sowie $P(X + Y \geq 4)$ bestimmt werden;
3. Außerdem soll geprüft werden, ob X und Y unabhängige Zufallsgrößen sind.

Lösung zu Punkt 1:

$$P(X = 1) = 0{,}7; P(X = 2) = 0{,}1; P(X = 3) = 0{,}2;$$
$$P(Y = 1) = 0{,}3; P(Y = 2) = 0{,}7.$$

Lösung zu Punkt 2:

$$\begin{aligned} P(X \geq 2, Y \leq 1{,}5) &= p_{21} + p_{31} = 0{,}05 + 0{,}15 = 0{,}2; \\ P(X + Y \geq 4) &= p_{31} + p_{22} + p_{32} \\ &= 0{,}15 + 0{,}05 + 0{,}05 = 0{,}25. \end{aligned}$$

Lösung zu Punkt 3:

$$\begin{aligned} P(X = 1, Y = 1) &= p_{11} = 0{,}1; \\ P(X = 1) \cdot P(Y = 1) &= 0{,}7 \cdot 0{,}3 = 0{,}21; \\ P(X = 1, Y = 1) &\neq P(X = 1) \cdot P(Y = 1). \end{aligned}$$

Folglich sind die Zufallsgrößen X und Y *nicht* unabhängig. ◀

4.4 Gemeinsame stetige Verteilungen

Die Erwartungswerte $E(X)$, $E(Y)$, die Varianzen und die höheren Momente der Randverteilungen berechnet man in der üblichen Weise. Die Funktion

$$F(x, y) = P(X \leq x, Y \leq y), \quad x \in \mathbb{R}, y \in \mathbb{R}$$

heißt **gemeinsame Verteilungsfunktion** von X und Y oder auch Verteilungsfunktion des Zufallsvektors (X, Y).

Die **Randverteilungsfunktion** F_X von X erhält man aus der gemeinsamen Verteilungsfunktion durch den Grenzübergang

$$F_X(x) = F(x, \infty) = \lim_{y \to \infty} P(X \leq x, Y \leq y), \quad x \in \mathbb{R},$$

und ebenso die Randverteilungsfunktion F_Y von Y durch

$$F_Y(y) = F(\infty, y) = \lim_{x \to \infty} P(X \leq x, Y \leq y), \quad y \in \mathbb{R}.$$

Falls es eine bivariate Funktion $(x, y) \mapsto f(x, y)$ gibt, sodass

$$F(x, y) = \int_{-\infty}^{y} \int_{-\infty}^{x} f(s, t)\, ds\, dt, \tag{4.20}$$

so sind X und Y **gemeinsam stetig** verteilt und $f(x, y)$ ist ihre gemeinsame Dichte (Abb. 4.13).

Die Wahrscheinlichkeit, dass X und Y in bestimmte Intervalle $[a_1, b_1]$ bzw. $[a_2, b_2]$ fallen (Abb. 4.14), berechnet man dann wie folgt:

$$P(a_1 \leq X \leq b_1, a_2 \leq Y \leq b_2) = \int_{a_2}^{b_2} \int_{a_1}^{b_1} f(s, t)\, ds\, dt. \tag{4.21}$$

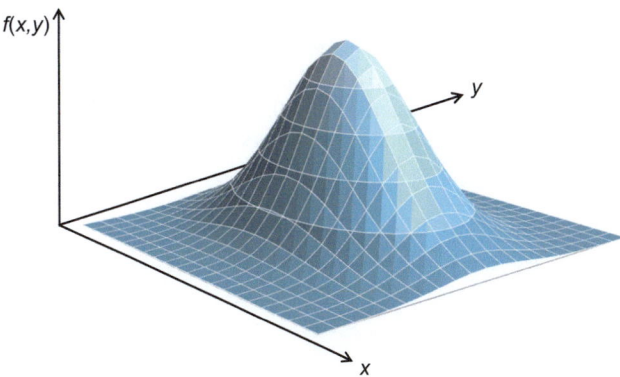

Abb. 4.13 Gemeinsame Dichte zweier stetiger Zufallsgrößen

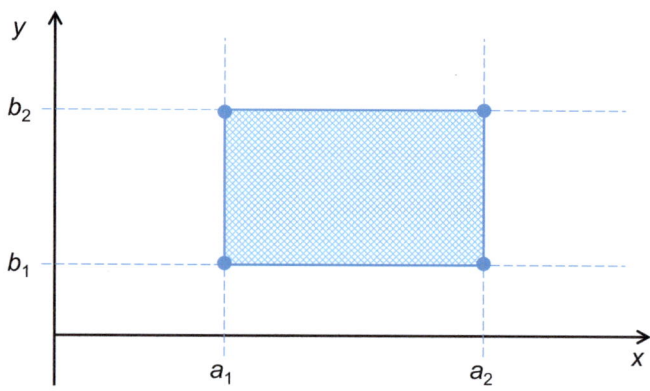

Abb. 4.14 Zweidimensionales Intervall

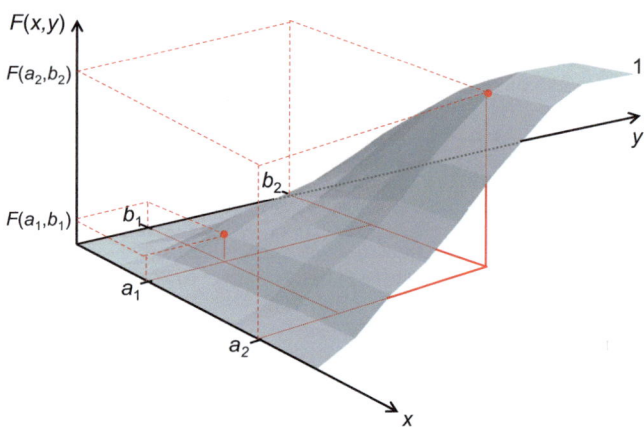

Abb. 4.15 Zweidimensionale Verteilungsfunktion

(4.21) lässt sich so veranschaulichen: Das Rechteck in Abb. 4.14 stellt ein Fußballfeld in einer Ebene dar, auf der Laub verstreut liegt. Die Höhe des Laubs in der Ebene entspricht dem Wert der Dichtefunktion eines bivariaten Zufallsvektors (X, Y). Der Platzwart sammelt nun vom Punkt (a_1, b_1) „links unten" beginnend bis zum Punkt (a_2, b_2) „rechts oben" das Laub in einer Karre. Wenn er den Platz gesäubert hat, entspricht der Inhalt seiner Karre der (gemeinsamen) Wahrscheinlichkeit von X und Y, in das Rechteck zu fallen; das ist der Anteil des Laubs auf dem Fußballfeld am gesamten Laubfall. Dieser Anteil ergibt sich aus der zweidimensionalen Verteilungsfunktion in Abb. 4.15 als Differenz $F(a_2, b_2) - F(a_1, b_1)$.

4.5 Kovarianz und Korrelation

Definition

Ein Maß des Zusammenhangs zwischen zwei Zufallsgrößen X und Y ist ihre **Kovarianz**:
$$\text{Cov}(X, Y) = E[(X - E(X)) \cdot (Y - E(Y))]$$
$$= E(X \cdot Y) - E(X) \cdot E(Y) \qquad (4.22)$$

Sie misst, wie X mit Y (und umgekehrt Y mit X) variiert. Wenn die Kovarianz positiv ist, gehen tendenziell große Werte von X mit großen Werten von Y sowie kleine Werte von X mit kleinen Werten von Y einher, während bei negativer Kovarianz das Gegenteil der Fall ist.

B 4.7 Positive Kovarianz

Auf Basis der in Abb. 4.16 dargestellten Verteilungstabelle berechnen wir die Kovarianz von X und Y:

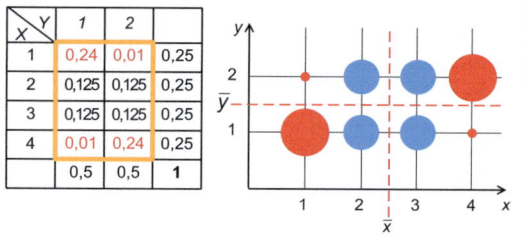

Abb. 4.16 Verteilungstabelle (1)

$$E(X) = \mu_X = \sum_{i=1}^{4} p_i x_i$$
$$= 0{,}25 \cdot 1 + 0{,}25 \cdot 2 + 0{,}25 \cdot 3 + 0{,}25 \cdot 4$$
$$= 2{,}5,$$

$$E(Y) = \mu_Y = \sum_{j=1}^{2} p_j y_j = 0{,}5 \cdot 1 + 0{,}5 \cdot 2 = 1{,}5.$$

$$\text{Cov}(X, Y) = \sum_{i=1}^{4}\sum_{j=1}^{2} p_{ij} \left[x_i - \underbrace{E(X)}_{\mu_X}\right] \cdot \left[y_j - \underbrace{E(Y)}_{\mu_Y}\right]$$

$$= \sum_{i=1}^{4} (x_i - \mu_X)\left[p_{i1}(y_1 - \mu_Y) + p_{i2}(y_2 - \mu_Y)\right],$$

$$\text{Cov}(X, Y) = \underbrace{(x_1 - \mu_X)}_{1-2{,}5}\left[\underbrace{p_{11}(y_1 - \mu_Y)}_{0{,}24\cdot(1-1{,}5)} + \underbrace{p_{12}(y_2 - \mu_Y)}_{0{,}01\cdot(2-1{,}5)}\right]$$

$$+ \underbrace{(x_2 - \mu_X)}_{2-2{,}5}\left[\underbrace{p_{21}(y_1 - \mu_Y)}_{0{,}125\cdot(1-1{,}5)} + \underbrace{p_{22}(y_2 - \mu_Y)}_{0{,}125\cdot(2-1{,}5)}\right]$$

$$+ \underbrace{(x_3 - \mu_X)}_{3-2{,}5}\left(\underbrace{p_{31}(y_1 - \mu_Y)}_{0{,}125\cdot(1-1{,}5)} + \underbrace{p_{32}(y_2 - \mu_Y)}_{0{,}125\cdot(2-1{,}5)}\right)$$

$$+ \underbrace{(x_4 - \mu_X)}_{4-2{,}5}\left[\underbrace{p_{41}(y_1 - \mu_Y)}_{0{,}01\cdot(1-1{,}5)} + \underbrace{p_{42}(y_2 - \mu_Y)}_{0{,}24\cdot(2-1{,}5)}\right]$$

$$= 0{,}345 > 0.$$

Die Kovarianz ist positiv. Es liegt ein leichter positiver linearer Zusammenhang zwischen X und Y vor. ◂

B 4.8 Negative Kovarianz

Wir berechnen aus der in Abb. 4.17 dargestellten Verteilungstabelle die Kovarianz von X und Y.

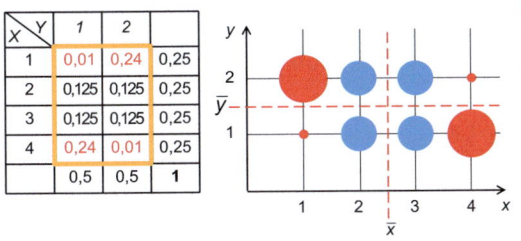

Abb. 4.17 Verteilungstabelle (2)

Aus Beispiel 4.7 wissen wir:

$$E(X) = \mu_X = 2{,}5; \quad E(Y) = \mu_Y = 1{,}5,$$

$$\text{Cov}(X,Y) = \underbrace{(x_1 - \mu_X)}_{1-2{,}5} \left[\underbrace{p_{11}(y_1 - \mu_Y)}_{0{,}01 \cdot (1-1{,}5)} + \underbrace{p_{12}(y_2 - \mu_Y)}_{0{,}24 \cdot (2-1{,}5)} \right]$$

$$+ \underbrace{(x_2 - \mu_X)}_{2-2{,}5} \left[\underbrace{p_{21}(y_1 - \mu_Y)}_{0{,}125 \cdot (1-1{,}5)} + \underbrace{p_{22}(y_2 - \mu_Y)}_{0{,}125 \cdot (2-1{,}5)} \right]$$

$$+ \underbrace{(x_3 - \mu_X)}_{3-2{,}5} \left[\underbrace{p_{31}(y_1 - \mu_Y)}_{0{,}125 \cdot (1-1{,}5)} + \underbrace{p_{32}(y_2 - \mu_Y)}_{0{,}125 \cdot (2-1{,}5)} \right]$$

$$+ \underbrace{(x_4 - \mu_X)}_{4-2{,}5} \left[\underbrace{p_{41}(y_1 - \mu_Y)}_{0{,}24 \cdot (1-1{,}5)} + \underbrace{p_{42}(y_2 - \mu_Y)}_{0{,}01 \cdot (2-1{,}5)} \right]$$

$$= -0{,}345 < 0.$$

Diesmal ist die Kovarianz negativ. Wir haben einen leichten negativen Zusammenhang zwischen X und Y. ◀

Die Kovarianz eines Paars von Zufallsgrößen kann beliebig große positive und negative Werte annehmen. An ihrer Stelle verwendet man deshalb den **Korrelationskoeffizienten**:

$$\rho(X,Y) = \frac{\text{Cov}(X,Y)}{\sigma(X) \cdot \sigma(Y)}. \tag{4.23}$$

Der Korrelationskoeffizient misst den Grad des *linearen* Zusammenhangs zwischen X und Y. Er hat dasselbe Vorzeichen wie die Kovarianz, nimmt jedoch nur Werte zwischen -1 und 1 an:

- $\rho(X,Y) = 1 \rightarrow X$ hängt linear und monoton wachsend von Y ab.
- $\rho(X,Y) = -1 \rightarrow X$ hängt linear und monoton fallend von Y ab.
- $\rho(X,Y) = 0 \rightarrow$ Es besteht *kein linearer* Zusammenhang zwischen X und Y. Man sagt dann: X und Y sind **unkorreliert**.

Wenn X und Y unkorreliert sind, heißt das lediglich, dass kein *linearer* Zusammenhang zwischen den beiden Größen vorhanden ist. Nichtlineare Zusammenhänge können dennoch bestehen, beispielsweise kann X in quadratischer Weise von Y abhängen.

Sehr viel stärker ist der Begriff der Unabhängigkeit. Es gilt: X und Y sind dann und nur dann unabhängig, wenn auch beliebige monotone Transformationen $g(X)$ und $h(Y)$ der beiden Größen unkorreliert sind, d. h., wenn $\text{Cov}(g(X), h(Y)) = 0$ für alle monoton wachsenden Funktionen g und h.

Wenn zwei Zufallsgrößen unabhängig sind, sind sie auch unkorreliert.

Achtung Aus der Unkorreliertheit zweier Zufallsgrößen folgt nicht deren Unabhängigkeit. Zwischen unkorrelierten Größen können nichtlineare Zusammenhänge bestehen. ◀

B 4.9 Diskrete Verteilung

Gegeben ist die in Abb. 4.18 dargestellte gemeinsame diskrete Verteilung von X und Y.

X \ Y	1	2	
1	0,1	0,6	0,7
2	0,05	0,05	0,1
3	0,15	0,05	0,2
	0,3	0,7	1

Abb. 4.18 Gemeinsame diskrete Verteilung zweier Zufallsgrößen

Wir bestimmen $\rho(X,Y)$:

$$E(X) = \mu_X = 1{,}5, \quad E(Y) = \mu_Y = 1{,}7,$$

$$\text{Cov}(X,Y) = \sum_{i=1}^{3} \sum_{j=1}^{2} p_{ij} \left[x_i - \underbrace{E(X)}_{\mu_X} \right] \cdot \left[y_j - \underbrace{E(Y)}_{\mu_Y} \right]$$

$$\underbrace{(x_1 - \mu_X)}_{1-1{,}5} \left[\underbrace{p_{11}(y_1 - \mu_Y)}_{0{,}1 \cdot (1-1{,}7)} + \underbrace{p_{12}(y_2 - \mu_Y)}_{0{,}6 \cdot (2-1{,}7)} \right]$$

$$+ \underbrace{(x_2 - \mu_X)}_{2-1{,}5} \left[\underbrace{p_{21}(y_1 - \mu_Y)}_{0{,}05 \cdot (1-1{,}7)} + \underbrace{p_{22}(y_2 - \mu_Y)}_{0{,}05 \cdot (2-1{,}7)} \right]$$

$$+ \underbrace{(x_3 - \mu_X)}_{3-1{,}5} \left[\underbrace{p_{31}(y_1 - \mu_Y)}_{0{,}15 \cdot (1-1{,}7)} + \underbrace{p_{32}(y_2 - \mu_Y)}_{0{,}05 \cdot (2-1{,}7)} \right],$$

$$\text{Cov}(X,Y) = -0{,}2.$$

$$\sigma(X) = \sqrt{\sum_{i=1}^{3}(x_i - E(X))^2 \cdot p_i}$$
$$= \sqrt{(1-1{,}5)^2 \cdot 0{,}7 + (2-1{,}5)^2 \cdot 0{,}1 + (3-1{,}5)^2 \cdot 0{,}2}$$
$$= \sqrt{0{,}65} = 0{,}8062,$$
$$\sigma(Y) = \sqrt{\sum_{j=1}^{2}(y_j - E(Y))^2 \cdot q_j}$$
$$= \sqrt{(1-1{,}7)^2 \cdot 0{,}3 + (2-1{,}7)^2 \cdot 0{,}7}$$
$$= \sqrt{0{,}21} = 0{,}4583.$$
$$\rho = \frac{\mathrm{Cov}(X,Y)}{\sigma(X) \cdot \sigma(Y)} = \frac{-0{,}2}{0{,}8062 \cdot 0{,}4583} = -0{,}5413. \blacktriangleleft$$

4.6 Summen von Zufallsgrößen

Häufig hat man eine Zufallsgröße zu untersuchen, die sich als Summe zweier bekannter Größen ergibt. Aus deren gemeinsamen Wahrscheinlichkeiten bzw. Dichten kann man dann die Wahrscheinlichkeiten bzw. die Dichte der Summe berechnen, ebenso den Erwartungswert und die Varianz.

Seien X und Y gemeinsam diskret oder stetig verteilt. Dann ist ihre Summe $Z = X + Y$ ebenfalls diskret bzw. stetig verteilt, und es gelten die folgenden Formeln:

Im Fall diskreter Zufallsgrößen:

$$P(Z=z) = \sum_i P(X=x_i, Y=z-x_i). \qquad (4.24)$$

Im Fall stetiger Zufallsgrößen:

$$f_{X+Y}(z) = \int_{-\infty}^{\infty} f(x, z-x)\, dx. \qquad (4.25)$$

Falls X und Y **unabhängig** sind, vereinfachen sich diese Formeln zu

$$P(Z=z) = \sum_i P(X=x_i) \cdot P(Y=z-x_i),$$
$$f_Z(z) = \int_{-\infty}^{\infty} f(x) f(z-x)\, dx.$$

Der Erwartungswert einer Summe ist immer gleich der Summe der Erwartungswerte der Summanden:

$$E(X+Y) = E(X) + E(Y). \qquad (4.26)$$

Für die Varianz einer Summe gilt das nicht! Sie ergibt sich aus den Varianzen der Summanden *und deren Kovarianz*:

$$\begin{aligned}\mathrm{Var}(Z) &= \mathrm{Var}(X+Y) \\ &= \mathrm{Var}(X) + \mathrm{Var}(Y) + 2 \cdot \mathrm{Cov}(X,Y).\end{aligned} \qquad (4.27)$$

Die Varianz einer Linearkombination aus X und Y (mit α und $\beta \in \mathbb{R}$) berechnet sich wie folgt:

$$\begin{aligned}\mathrm{Var}(\alpha \cdot X + \beta \cdot Y) &= \alpha^2 \cdot \mathrm{Var}(X) + \beta^2 \cdot \mathrm{Var}(Y) \\ &\quad + \alpha \cdot \beta \cdot 2 \cdot \mathrm{Cov}(X,Y).\end{aligned} \qquad (4.28)$$

Für stochastisch **unabhängige Zufallsvariable** X und Y ist die Kovarianz $= 0$. Also gilt

$$\mathrm{Var}(Z) = \mathrm{Var}(X+Y) = \mathrm{Var}(X) + \mathrm{Var}(Y)$$

und

$$\mathrm{Var}(\alpha \cdot X + \beta \cdot Y) = \alpha^2 \cdot \mathrm{Var}(X) + \beta^2 \cdot \mathrm{Var}(Y).$$

4.7 Stochastische Prozesse

Eine zeitlich geordnete Folge von Zufallsgrößen

$$X_1, X_2, \ldots, X_n, \ldots$$

bezeichnet man als **stochastische Kette** oder **stochastischen Prozess in diskreter Zeit**. Dabei wird die Zeit $i = 1, 2, \ldots, n, \ldots$ als Zeitpunkt oder Zeitraum interpretiert und die Zufallsgröße X_i als Messwert zur Zeit i. Solche Folgen von zufallsbehafteten Messwerten treten offenbar in zahlreichen Anwendungen auf. So kann beispielsweise X_i die Niederschlagsmenge an einem Ort im Lauf der Woche i bezeichnen oder auch den Schlusskurs einer Aktie am Ende des Tages i. Einen stochastischen Prozess in diskreter Zeit notiert man auch kurz durch $(X_i)_{i \in \mathbb{N}}$.

Die Zufallsgrößen X_i können voneinander abhängig oder unabhängig sein. Ein sehr einfaches Beispiel eines stochastischen Prozesses in diskreter Zeit ist die Bernoulli-Versuchsreihe (▶ Kap. 5). Hier sind die Zufallsvariablen des Prozesses voneinander stochastisch unabhängig.

Häufig gilt: Die X_i sind selbst stochastisch abhängig, aber die **Zuwächse** der Kette

$$X_2 - X_1, X_3 - X_2, \ldots, X_n - X_{n-1}, \ldots$$

sind voneinander unabhängig. Das bedeutet, dass die Messwerte zwar voneinander abhängen, jedoch die Änderung von einem Messwert zum nächsten nichts mit den vorigen Änderungen zu tun hat. Dies ist insbesondere bei **Markoff-Ketten** der Fall; sie stellen eines der meist verwendeten stochastischen Modelle dar, etwa zur diskreten Beschreibung einer Brown'schen Bewegung oder eines molekularen Zerfalls.

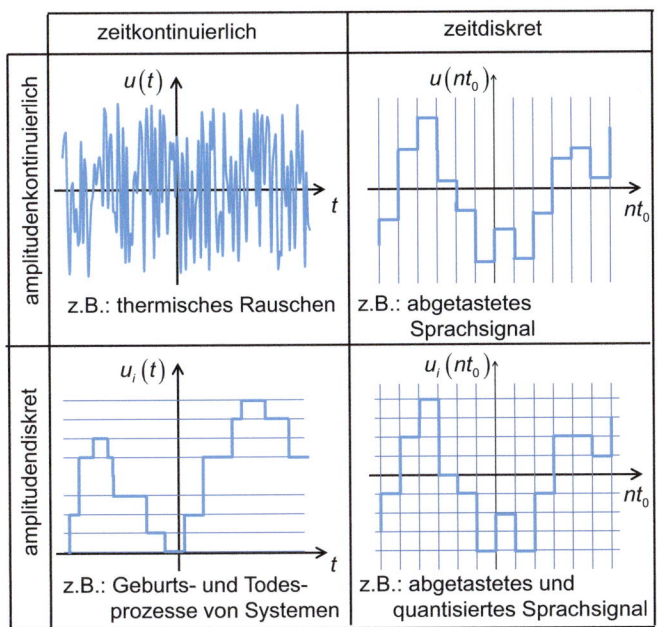

Abb. 4.19 Beispiele für Realisierungen von stochastischen Prozessen

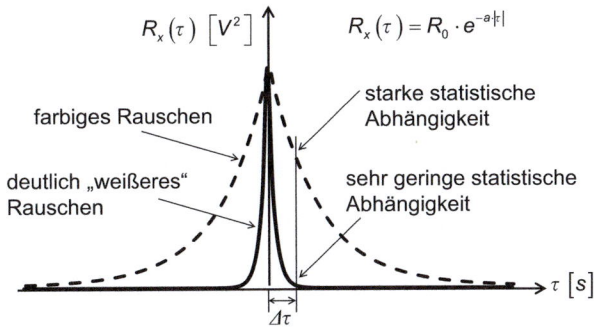

$\tau[s]$ - zeitlicher Abstand zwischen zwei betrachteten Messpunkten (in Sekunden gemessen)
R_0 - Konstante

Abb. 4.20 Darstellung der statistischen Abhängigkeit eines homogenen Markoff-Prozesses durch seine Autokorrelationsfunktion

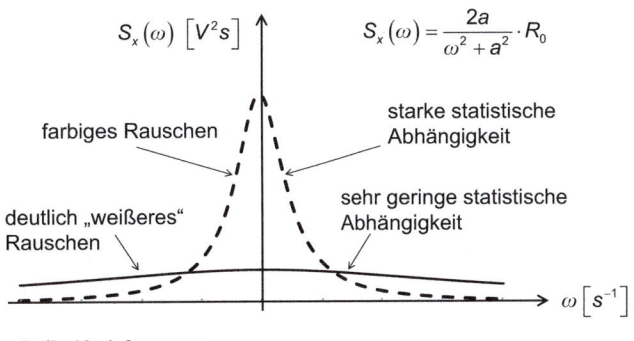

$\omega[s^{-1}]$ - Kreisfrequenz
a - Konstante

Abb. 4.21 Darstellung der statistischen Abhängigkeit eines homogenen Markoff-Prozesses durch seine spektrale Leistungsdichte

In vielen Anwendungen macht es Sinn, die Zeit als stetig zu betrachten, etwa bei der Messung der elektrischen Spannung an einem Energiespeicher (Kondensator, Spule) oder bei kontinuierlich – in Bruchteilen von Sekunden – gehandelten Aktien. Dies führt auf einen **stochastischen Prozess in stetiger Zeit**: $(X_t)_{t \geq 0}$. Wichtige Prozesse in stetiger Zeit sind die **Brown'sche Bewegung** und ihre Verallgemeinerung, der **Wiener-Prozess**. Sie haben stochastisch unabhängige Zuwächse, die jeweils Gauß-verteilt sind.

Im Allgemeinen steht ein Messwert (also die Realisierung eines stochastischen Prozesses zu einer Zeit) in einem gewissen Zusammenhang mit einem anderen Messwert (der Realisierung des Prozesses zu einer anderen Zeit). Die Abhängigkeit der Messwerte kann man auf verschiedene Arten modellieren und darstellen, etwa durch eine **Autokorrelationsfunktion**, das ist die Korrelation zweier Messwerte in Abhängigkeit von ihrem zeitlichen Abstand.

Ein Beispiel aus der Elektrotechnik ist das „farbige Rauschen", das als homogener Markoff-Prozess modelliert wird: In der Elektrotechnik ist es üblich, die statistische Abhängigkeit innerhalb eines dem thermischen Rauschen in Abb. 4.19 ähnelnden Spannungsverlaufs $X(t)$ [V] (in Volt gemessen) mithilfe der in Abb. 4.20 und Abb. 4.21 gezeigten Autokorrelationsfunktion $R_x(\tau)$ oder der korrespondierenden spektralen Leistungsdichte $S_x(\omega)$ quantitativ darzustellen. Je breiter $R_x(\tau)$ ist, umso stärker ist die statistische Abhängigkeit zwischen zwei Messpunkten, die sich im Abstand $\Delta \tau = (\tau_i - \tau_0)$ zueinander befinden.

Andererseits ist die statistische Abhängigkeit umso geringer, je breiter die spektrale Leistungsdichte $S_x(\omega)$ oder, mit anderen Worten, je „weißer" das Rauschen ist.

Die Darstellung von stochastischen Prozessen in zeitdiskreter Form wird auch aus einem anderen praktischen Grund verwendet, nämlich im Zusammenhang mit der Notwendigkeit, die Messergebnisse als Zahlenketten computermäßig zu speichern und zu verarbeiten. Dabei wird bei der Messung von stochastischen Prozessen, die von Natur aus zeitkontinuierlich sind, und bei der weiteren mathematischen Behandlung der Daten die Informations-und Abtasttheorie von Shannon (bzw. das Whittaker-Kotelnikow-Shannon-Theorem, WKS-Abtasttheorem) zugrunde gelegt.

In Abb. 4.19 sind Realisationen verschiedener stochastischer Prozesse dargestellt, die bezüglich der Zeit resp. des gemessenen Werts (Amplitude) kontinuierlich oder diskret sind.

4.8 Unabhängige und identisch verteilte Zufallsgrößen

Beim statistischen Schätzen und Testen (▶ Kap. 7) werden die Daten häufig als Realisation von unabhängigen und identisch verteilten Zufallsgrößen $X_1, X_2, \ldots, X_n$ angesehen.

Die **gemeinsame Verteilungsfunktion** dieser Zufallsgrößen ist die Funktion

$$F(x_1, x_2, \ldots, x_n) = P(X_1 \leq x_1, X_2 \leq x_2, \ldots, X_n \leq x_n).$$

$X_1, X_2, \ldots, X_n$ heißen **unabhängig verteilt**, falls

$$F(x_1, x_2, \ldots, x_n) = F_1(x_1) \cdot F_2(x_2) \cdot \ldots \cdot F_n(x_n), \quad (4.29)$$

d. h., falls die gemeinsame Verteilungsfunktion mit dem Produkt der Randverteilungsfunktionen übereinstimmt.

Insbesondere sind zwei Zufallsgrößen X_1, X_2 unabhängig, wenn

$$F(x_1, x_2) = F_1(x_1) \cdot F_2(x_2).$$

Das bedeutet zunächst, dass für jede Wahl von x_1 und x_2 die Ereignisse $\{X_1 \leq x_1\}$ und $\{X_2 \leq x_2\}$ voneinander unabhängig sind. Daraus folgt aber, dass auch jedes Ereignis, das durch Bedingungen an X_1 ausgedrückt werden kann, von jedem Ereignis, das durch X_2 ausgedrückt werden kann, unabhängig ist.

$X_1, X_2, \ldots, X_n$ heißen **unabhängig und identisch verteilt** (*independent and identically distributed, i. i. d.*), falls außerdem alle Randverteilungsfunktionen übereinstimmen:

$$F_1(y) = F_2(y) = \ldots = F_n(y) \quad \text{für alle } y \in \mathbb{R}.$$

Gemeinsam diskret verteilte Zufallsgrößen $X_1, X_2, \ldots, X_n$ sind genau dann **unabhängig**, wenn für alle möglichen Werte x_i von X_i ($i = 1, 2, \ldots, n$) gilt:

$$\begin{aligned} &P(X_1 = x_1, X_2 = x_2, \ldots, X_n = x_n) \\ &= P(X_1 = x_1) \cdot P(X_2 = x_2) \cdot \ldots \cdot P(X_n = x_n). \end{aligned} \quad (4.30)$$

Gemeinsam stetig verteilte Zufallsgrößen $X_1, X_2, \ldots, X_n$ sind genau dann unabhängig, wenn die gemeinsame Dichte $f(x_1, x_2, \ldots, x_n)$ gleich dem Produkt der Randdichten $f_1(x), f_2(x), \ldots, f_n(x)$ ist:

$$f(x_1, x_2, \ldots, x_n) = f_1(x_1) \cdot f_2(x_2) \cdot \ldots \cdot f_n(x_n). \quad (4.31)$$

4.9 Wahrscheinlichkeit und Häufigkeit (Gesetz der großen Zahlen)

Die **Wahrscheinlichkeit** eines Ereignisses hängt eng mit der **Häufigkeit** seines Auftretens zusammen. Im allgemeinen Sprachgebrauch wird sie oft als Häufigkeit eines Ereignisses bei genügend langer Beobachtung „definiert". Doch welche Art von Beobachtung kann dies sein? Dies wollen wir im Folgenden genauer beschreiben.

Ein bestimmtes Ereignis A sei mögliches Ergebnis eines Zufallsexperiments, das grundsätzlich beliebig oft durchgeführt werden kann, und zwar *unter gleichbleibenden Bedingungen und unabhängig voneinander*. Beim einzelnen Experiment habe A die Wahrscheinlichkeit p. Bei n Experimenten betrachtet man die **relative Häufigkeit** h_n von A, das ist

$$h_n = \frac{1}{n} \#\{A \text{ tritt ein}\}.$$

Hier bezeichnet $\#\{A \text{ tritt ein}\}$ die Anzahl der Versuche, deren Ergebnis A ist.

Gesetz der großen Zahlen für die Häufigkeiten

Wenn n gegen unendlich strebt, nähert sich h_n der Wahrscheinlichkeit p von A. Genauer besagt das **Gesetz der großen Zahlen**: Die Wahrscheinlichkeit, dass sich h_n im Rahmen einer beliebig klein gewählten Rechengenauigkeit ε von p unterscheidet, geht gegen 1:

Definition

Für jedes $\varepsilon > 0$ gilt

$$P(|h_n - p| < \varepsilon) \to 1, \quad \text{wenn } n \to \infty. \quad (4.32)$$

In ähnlicher Weise ist das arithmetische Mittel einer Folge von unabhängig identisch verteilten Zufallsgrößen, das so genannte **Stichprobenmittel**, mit dem gemeinsamen Erwartungswert dieser Zufallsgrößen verbunden. Sei $X_1, X_2, \ldots X_n, \ldots$ eine (unendliche) Folge von unabhängigen Zufallsgrößen, die alle dieselbe Verteilung besitzen. Dann haben sie auch für alle i denselben Erwartungswert $\mu = E(X_i)$, und es gilt ein weiteres Gesetz der großen Zahlen.

Gesetz der großen Zahlen für den Mittelwert

Man betrachtet dazu das arithmetische Mittel $\overline{X}_n$ der n ersten Beobachtungen $X_1, X_2, \ldots, X_n$. Mit wachsendem n nähert sich das Stichprobenmittel dann dem Erwartungswert μ. Genauer: die Wahrscheinlichkeit, dass sich das Stichprobenmittel im ε-Intervall um μ befindet, d. h. sich weniger als die (beliebig zu wählende) Rechengenauigkeit ε von μ unterscheidet, konvergiert gegen 1 (Abb. 4.22).

Definition

Für beliebiges $\varepsilon > 0$ konvergiert

$$P\left(\left|\frac{1}{n}\sum_{i=1}^{n} X_i - \mu\right| < \varepsilon\right) \to 1, \quad \text{wenn } n \to \infty. \quad (4.33)$$

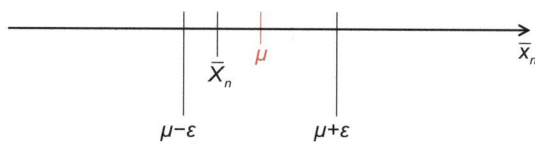

Abb. 4.22 Stichprobenmittel im ε-Intervall um μ

Aus Sicht des Anwenders besagen die beiden Gesetze der großen Zahlen: Wird eine Folge von gleichartigen Zufallsexperimenten unabhängig voneinander durchgeführt, so ist das arithmetische Mittel der Ergebnisse eine Näherung für ihren Erwartungswert und die Häufigkeit eines Ereignisses eine Näherung für seine Wahrscheinlichkeit.

Spezielle Verteilungen

Was ist eine Bernoulli-Versuchsreihe?

Wie geht man mit Zähldaten um?

Wie wird eine zufällige Zeitdauer modelliert?

5.1 Spezielle diskrete Verteilungen 46

5.2 Spezielle stetige Verteilungen 50

5 Spezielle Verteilungen

Die Wahrscheinlichkeitsrechnung stellt zahlreiche Standardmodelle für Zufallsvorgänge zur Verfügung. Es handelt sich um spezielle Wahrscheinlichkeitsverteilungen von möglichen Zufallsgrößen. Diskrete Verteilungen werden durch die Einzelwahrscheinlichkeiten, stetige Verteilungen durch ihre Wahrscheinlichkeitsdichten beschrieben. Dieses Kapitel behandelt einige der für den Anwender wichtigsten speziellen Verteilungen. Im konkreten Anwendungsfall geht es dann darum, eine Wahrscheinlichkeitsverteilung auszuwählen, die den zu analysierenden Zufallsvorgang möglichst gut beschreibt, und ihre Parameter zu bestimmen.

5.1 Spezielle diskrete Verteilungen

In diesem Abschnitt behandeln wir drei diskrete Verteilungen, die zum Kernbestand der Wahrscheinlichkeitsrechnung gehören, da sie zu den unterschiedlichsten Anwendungen passen. Alle drei Verteilungen haben einen Bezug zur Bernoulli-Versuchsreihe.

5.1.1 Binomialverteilung

Ein bestimmter Versuch wird unter *gleichbleibenden* Bedingungen und *unabhängig* voneinander n-mal durchgeführt. Dabei beobachten wir ein bestimmtes Ereignis A, das bei jedem einzelnen Versuch mit Wahrscheinlichkeit p auftritt. Die Versuchsreihe nennt man eine **Bernoulli-Versuchsreihe** oder ein **Bernoulli-Experiment**.

Uns interessiert die absolute Häufigkeit X, mit der das Ereignis auftritt. X kann jede der Zahlen $0, 1, 2, \ldots, k, \ldots, n$ als Wert annehmen, und zwar mit einer gewissen Wahrscheinlichkeit:

$$P(X=0), \quad P(X=1), \quad P(X=2), \ldots,$$
$$P(X=k), \ldots, \quad P(X=n).$$

Die Verteilung von X heißt **Binomialverteilung** (siehe Abb. 5.1).

B 5.1 Ziehen mit Zurücklegen

In einem Gefäß befinden sich N Kugeln, davon sind M Kugeln *rot*, und der Rest ist *schwarz*.

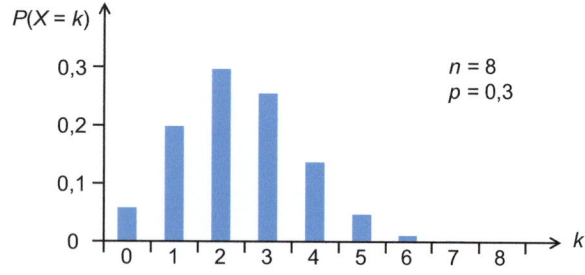

Abb. 5.1 Binomialverteilung

Wir entnehmen *zufällig* (d. h. mit gleicher Chance, ausgewählt zu werden) eine Kugel, notieren die Farbe und legen die Kugel zurück. Damit sind die Versuchsbedingungen beim nächsten Versuch die gleichen wie zuvor. Die Wahrscheinlichkeit, bei *einem* Versuch eine rote Kugel zu ziehen, ist dann $p = M/N$.

Den Versuch führen wir *dreimal* durch. Uns interessiert, mit welchen Wahrscheinlichkeiten eine rote Kugel null-, ein-, zwei- oder dreimal gezogen wird, also:

$$P(X=0) = P(0),$$
$$P(X=1) = P(1),$$
$$P(X=2) = P(2),$$
$$P(X=3) = P(3).$$

Der in Abb. 5.2 dargestellte Ereignisbaum zeigt, dass es bei $n = 3$ Versuchen insgesamt acht mögliche Abläufe (Ergebnisse) gibt. Die Wahrscheinlichkeiten $P(rot) = p$ und $P(schwarz) = 1 - p$ ändern sich von Versuch zu Versuch nicht, da wir ja die gezogenen Kugeln zurücklegen. Allerdings unterscheiden sich die Wahrscheinlichkeiten der einzelnen möglichen Verläufe.

Uns interessiert aber nicht die Wahrscheinlichkeit eines bestimmten Verlaufs, sondern uns interessieren die Wahrscheinlichkeiten, mit der die rote Kugel insgesamt null-, ein-, zwei- oder dreimal auftaucht. Dabei spielt keine Rolle, in welchem der drei Versuche die rote Kugel gezogen wird.

Wir sehen in Abb. 5.3a, dass jeweils drei Verläufe zu einer oder zwei roten Kugeln führen und dass es jeweils nur einen Verlauf gibt, bei dem keine oder drei rote Kugeln gezogen werden.

Sei nun $p = 0{,}6$ angenommen. Dann ergeben sich die in Abb. 5.3b aufgezeigten Wahrscheinlichkeiten für $X = 0$, $X = 1$, $X = 2$ und $X = 3$. ◀

Allgemeine Binomialverteilung $B(n, p)$

Nun betrachten wir wieder den allgemeinen Fall einer Bernoulli-Versuchsreihe mit n Stufen. Jede einzelne Folge von Ergebnissen, bei denen k-mal das Ereignis A und $(n - k)$-mal sein Gegenteil eintritt, hat die Wahrscheinlichkeit

$$\underbrace{p \cdot p \cdot \ldots \cdot p}_{k\text{-mal}} \cdot \underbrace{(1-p) \cdot (1-p) \cdot \ldots \cdot (1-p)}_{(n-k)\text{-mal}} = p^k (1-p)^{n-k}.$$

Dabei ist $0 \leq k \leq n$. Die Anzahl der möglichen **Kombinationen** für $X = k$, also die Anzahl der Möglichkeiten, k aus n Elementen auszuwählen, beträgt

$$\binom{n}{k} = \frac{n!}{k! \, (n-k)!}. \tag{5.1}$$

5.1 Spezielle diskrete Verteilungen

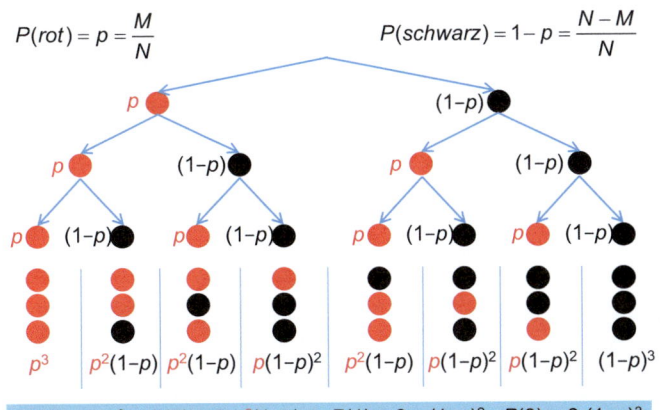

Abb. 5.2 Ereignisbaum für Binomialverteilung

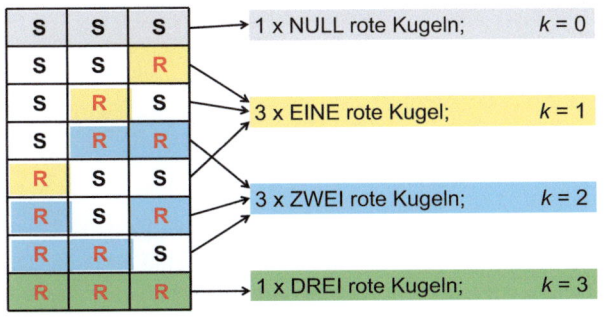

Abb. 5.3 Ereignistabelle (**a**) für Binomialverteilung ($n = 3$) und korrespondierende Wahrscheinlichkeiten (**b**) für $p = 0{,}6$

$n = 3; \ p = 0{,}6$

$k = 0 \quad \binom{3}{0} = \frac{3!}{0! \cdot 3!} = 1 \quad P(0) = 1 \cdot (1-p)^3 \quad = 0{,}064$

$k = 1 \quad \binom{3}{1} = \frac{3!}{1! \cdot 2!} = 3 \quad P(1) = 3 \cdot p \cdot (1-p)^2 \quad = 0{,}288$

$k = 2 \quad \binom{3}{2} = \frac{3!}{2! \cdot 1!} = 3 \quad P(2) = 3 \cdot p^2 \cdot (1-p) \quad = 0{,}432$

$k = 3 \quad \binom{3}{3} = \frac{3!}{3! \cdot 0!} = 1 \quad P(3) = 1 \cdot p^3 \quad = 0{,}216$

Abb. 5.4 Rechenbeispiel Binomialverteilung

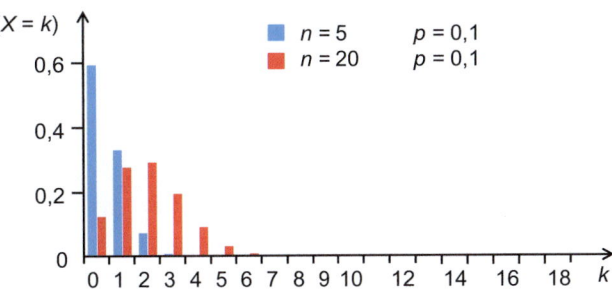

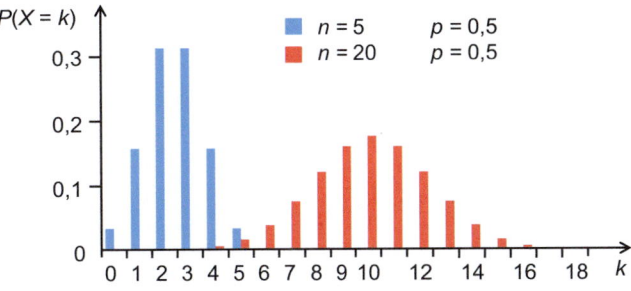

Abb. 5.5 Binomialverteilungen

Damit ergibt sich die Wahrscheinlichkeit, genau k-mal das Ereignis A zu beobachten, als

$$\binom{n}{k} p^k (1-p)^{n-k}.$$

Definition

Sei $n \in \mathbb{N}$ und $0 < p < 1$. Eine Zufallsgröße X, für die

$$P(X = k) = \binom{n}{k} p^k (1-p)^{n-k} \qquad (5.2)$$

gilt, $0 \leq k \leq n$, heißt **binomialverteilt** mit Parametern n und p, kurz $X \sim B(n, p)$.

Die Gesamtheit der Wahrscheinlichkeiten $P(X = k)$, $k = 0, \ldots, n$, bildet die **Binomialverteilung** $B(n, p)$.

Abb. 5.4 zeigt die Berechnung der Binomialwahrscheinlichkeiten für $n = 3$ und $p = 0{,}6$ und Abb. 5.5 vier weitere Binomialverteilungen.

Im Tabellenanhang (siehe Tab. B.1 in Anhang B) sind die Werte $P(X = k)$ für $n = 1, 2, \ldots, 30$ und $p \leq 0{,}5$ tabelliert. Für $p > 0{,}5$ erhält man die Werte $P(X = k)$ durch die Beziehung $P(X = k) = P(Y = n - k)$, wobei $Y \sim B(n, 1 - p)$ verteilt ist.

Der Erwartungswert und die Varianz einer binomialverteilten Zufallsgröße $X \sim B(n, p)$ lauten:

$$\begin{aligned} E(X) &= n \cdot p, \\ \mathrm{Var}(X) &= n \cdot p \cdot (1 - p). \end{aligned} \qquad (5.3)$$

B 5.2 Ausfälle im Fuhrpark

Ein Fuhrpark besitzt zehn Fahrzeuge. Die Wahrscheinlichkeit, dass ein Fahrzeug innerhalb eines Jahres ausfällt, ist $P(A) = p = 0{,}1$. Die Fahrzeuge fallen unabhängig voneinander aus. Die Anzahl X der Ausfälle pro Jahr ist dann binomialverteilt: $X \sim B(n,p)$ mit $n = 10$ und $p = 0{,}1$.

Frage 1: Wie hoch ist die Wahrscheinlichkeit, dass drei Fahrzeuge innerhalb eines Jahres ausfallen?

Mit $n = 10$, $p = 0{,}1$ und $k = 3$ erhalten wir

$$P(3) = P(X = 3)$$
$$= \binom{10}{3} \cdot 0{,}1^3 \cdot 0{,}9^7 = \frac{10!}{3! \cdot 7!} \cdot 0{,}1^3 \cdot 0{,}9^7$$
$$= \frac{8 \cdot 9 \cdot 10}{6} \cdot 0{,}1^3 \cdot 0{,}9^7$$
$$= 120 \cdot 10^{-3} \cdot 0{,}478 = 0{,}057.$$

Die gesuchte Wahrscheinlichkeit beträgt 5,7 %.

Frage 2: Wie wahrscheinlich ist es, dass mehr als drei Fahrzeuge innerhalb eines Jahres ausfallen?

$$P(X \geq 3) = P(4) + P(5) + \ldots + P(10)$$
$$= 1 - [P(0) + P(1) + P(2) + P(3)]$$
$$= 0{,}0128.$$

Die gesuchte Wahrscheinlichkeit beträgt 1,28 %. Bei der Rechnung haben wir verwendet, dass gilt:

$$P(0) = \binom{10}{0} \cdot 0{,}9^{10}$$
$$= \frac{10!}{0! \cdot 10!} \cdot 0{,}9^{10} = 0{,}3487,$$
$$P(1) = \binom{10}{1} \cdot 0{,}1 \cdot 0{,}9^9$$
$$= \frac{10!}{1! \cdot 9!} \cdot 0{,}1 \cdot 0{,}9^9 = 0{,}3874,$$
$$P(2) = \binom{10}{2} \cdot 0{,}1^2 \cdot 0{,}9^8$$
$$= \frac{10!}{2! \cdot 8!} \cdot 0{,}1^2 \cdot 0{,}9^8 = 0{,}1937,$$
$$P(3) = \binom{10}{3} \cdot 0{,}1^3 \cdot 0{,}9^7$$
$$= \frac{10!}{3! \cdot 7!} \cdot 0{,}1^3 \cdot 0{,}9^7 = 0{,}0574.$$

Frage 3: Wie viele Ausfälle sind in einem Jahr zu erwarten, und wie groß ist die Standardabweichung dieser Anzahl?

$$E(X) = n \cdot p = 10 \cdot 0{,}1 = 1;$$
$$\sigma(X) = \sqrt{\mathrm{Var}(X)} = \sqrt{np(1-p)}$$
$$= \sqrt{10 \cdot 0{,}1 \cdot 0{,}9} = 0{,}949.$$

Es ist ein Ausfall zu erwarten; die Standardabweichung beträgt 0,949.

Frage 4: Wie viele Ausfälle sind in zwei Jahren zu erwarten?

Es sind doppelt so viele Ausfälle wie in einem Jahr zu erwarten, also zwei Ausfälle. ◀

5.1.2 Hypergeometrische Verteilung

Die Hypergeometrische Verteilung lässt sich ebenfalls am Modell der Auswahl von Kugeln aus einem Gefäß erklären. Dazu betrachten wir wie im obigen Bernoulli-Experiment die wiederholte Ziehung einer Kugel aus dem Gefäß.

Ziehen ohne Zurücklegen

Anders als beim Bernoulli-Experiment werden jedoch die einmal gezogenen Kugeln *nicht zurückgelegt*. Dadurch verändern sich mit jeder neuen Ziehung die Wahrscheinlichkeiten für die Ereignisse *rot* und *schwarz*. Die Wahrscheinlichkeiten hängen nun von drei Parametern ab:

- der anfänglichen Anzahl der Kugeln im Gefäß N,
- der anfänglichen Anzahl der roten Kugeln im Gefäß M,
- der Anzahl der Ziehungen n.

Abb. 5.6 verdeutlicht dies durch den Vergleich der Ereignisbäume der Binomialverteilung (a) und der Hypergeometrischen Verteilung (b). Die Ereignisbäume wurden für folgende Parameter konstruiert:

$$N = 10; \quad M = 6; \quad p = M/N = 0{,}6; \quad n = 3.$$

Hypergeometrische Verteilung $H(N, M, n)$

Wir definieren nun die allgemeine Hypergeometrische Verteilung mit Parametern N, M und n. Dazu betrachten wir eine Anzahl N von Objekten, von denen M Objekte eine bestimmte Eigenschaft (z. B. rot) besitzen. n sei eine Anzahl von Versuchen, die Zufallsziehungen aus diesen Objekten entsprechen.

5.1 Spezielle diskrete Verteilungen

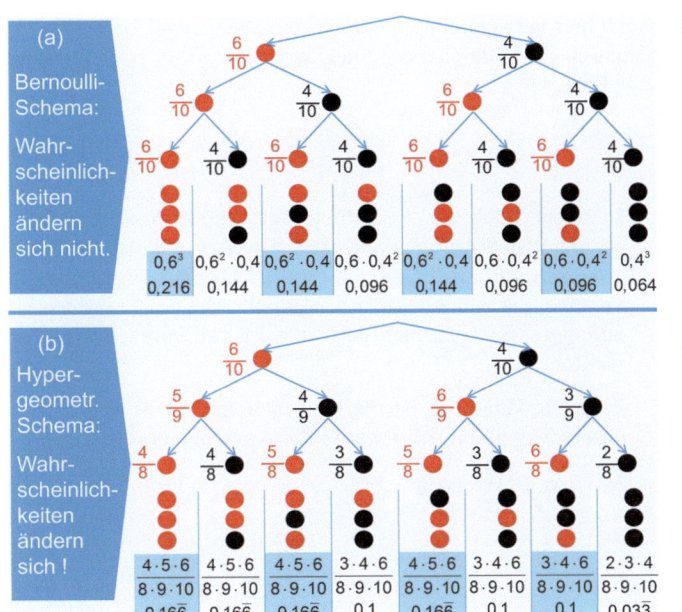

Abb. 5.6 Vergleich von Binomialverteilung und Hypergeometrischer Verteilung

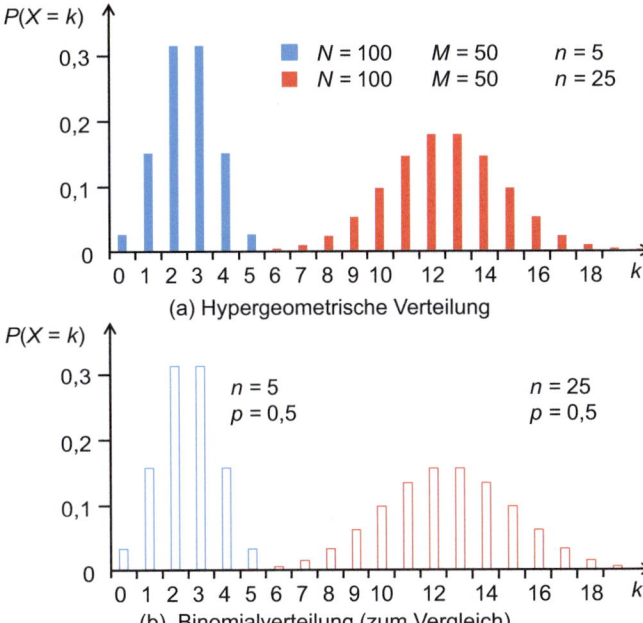

Abb. 5.7 Hypergeometrische Verteilungen **(a)** und Vergleich mit Binomialverteilung **(b)**

Definition

Sei $N \in \mathbb{N}, 0 \leq M \leq N, 1 \leq n \leq N$ 1. Eine Zufallsgröße X, bei der

$$P(X = k) = \frac{\binom{M}{k}\binom{N-M}{n-k}}{\binom{N}{n}} \quad (5.4)$$

für alle k mit $0 \leq k \leq M$ und $0 \leq n - k \leq N - M$ gilt, heißt **hypergeometrisch verteilt** mit Parametern N, M und n, kurz $X \sim H(N, M, n)$.

Die Gesamtheit dieser Wahrscheinlichkeiten $P(X = k)$ bilden die **Hypergeometrische Verteilung $H(N, M, n)$**.

Approximation der Hypergeometrischen Verteilung

Die Wahrscheinlichkeiten einer Hypergeometrischen Verteilung sind aufwendiger zu berechnen als die einer Binomialverteilung. Man macht sich deshalb folgende Näherungsbeziehung zunutze. Wenn die Anzahl N der Objekte sehr groß ist, kommt es offenbar kaum mehr darauf an, ob die Zufallsziehung mit Zurücklegen (wie bei der Binomialverteilung) oder ohne Zurücklegen (wie bei der Hypergeometrischen Verteilung) ausgeführt wird. Deshalb gilt für hinreichend große N die Näherung

$$P(X = k) \approx \binom{n}{k}\left(\frac{M}{N}\right)^k \left(1 - \frac{M}{N}\right)^{n-k}. \quad (5.5)$$

Allerdings hängt die Güte der Approximation auch von n ab, genauer, vom Verhältnis zwischen n und N. Eine „Faustregel" besagt: Die Approximation der Wahrscheinlichkeiten einer Hypergeometrischen Verteilung durch die der Binomialverteilung mit $p = M/N$ (Abb. 5.7) ist hinreichend genau (auf drei Stellen hinter dem Komma), wenn

$$\frac{n}{N} \leq 0{,}05.$$

5.1.3 Poisson-Verteilung

Eine weitere wichtige diskrete Verteilung ist die Poisson-Verteilung (Abb. 5.8). Als Verteilung einer Zählgröße bezieht sie sich nicht unmittelbar auf eine Ziehung von Kugeln. Darin unterscheidet sie sich von der Binomialverteilung und der Hypergeometrischen Verteilung. Jedoch kann sie als eine *Approximation* für die Binomialverteilung (und damit auch für die Hypergeometrische Verteilung) dienen.

Definition

Sei $\lambda > 0$. Eine Zufallsgröße X nennt man **Poisson-verteilt** mit Parameter λ, kurz $X \sim PV(\lambda)$, wenn

$$P(X = k) = \frac{\lambda^k}{k!}e^{-\lambda}, \quad k = 0, 1, 2, 3, \ldots \quad (5.6)$$

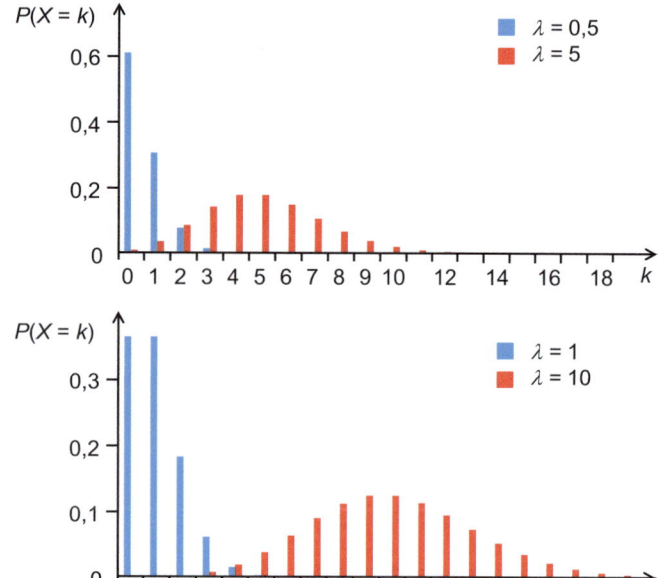

Abb. 5.8 Poisson-Verteilungen

Eine Poisson-verteilte Zufallsgröße ist also Zählvariable, die beliebig große natürliche Zahlen sowie die Null annehmen kann. Ihr Erwartungswert ist

$$E(X) = \lambda,$$

und die Varianz beträgt ebenfalls

$$\text{Var}(X) = \lambda.$$

Approximation der Binomialverteilung durch die Poisson-Verteilung

Wir betrachten eine binomialverteilte Zufallsgröße, $X \sim B(n,p)$. Wenn

- die Ereigniswahrscheinlichkeit p klein (also das Ereignis selten) und
- die Anzahl n der Versuche groß ist,

lassen sich die Binomialwahrscheinlichkeiten näherungsweise durch Poisson-Wahrscheinlichkeiten ausdrücken. Man setzt dazu

$$n \cdot p = \lambda,$$

was dem Erwartungswert beider Verteilungen entspricht. Es gilt dann

$$P(X = k) \approx \frac{(n \cdot p)^k}{k!} e^{-n \cdot p}. \tag{5.7}$$

Damit liefert die Poisson-Verteilung ein Modell für die *Wahrscheinlichkeiten seltener Ereignisse*. Solche Ereignisse können sein:

- pro Zeiteinheit in einem Geschäft eintreffende Kunden,
- pro Zeiteinheit zerfallende Atome eines spaltbaren Materials,
- Anzahl der Ausfälle von Telefonanschlüssen pro Zeiteinheit.

Auch hier verwendet man häufig eine „Faustregel": Die Approximation ist hinreichend genau, wenn $n \geq 50$, $p \leq 0{,}1$ und $\lambda \geq 9$ ist.

> **B 5.3 Telefonstörung**
>
> In einem Telefonnetz (Festnetz) mit 10.000 Anschlüssen ist die Wahrscheinlichkeit, dass pro Tag und Anschluss eine Störung auftritt, gleich 0,0003. Die Störungen sind voneinander unabhängig, und der Fall, dass ein Anschluss an einem Tag mehrfach gestört wird, soll vernachlässigt werden:
>
> **Frage 1: Wie groß ist die Wahrscheinlichkeit, dass an einem Tag genau fünf Anschlüsse gestört sind?**
>
> Mit $n = 10.000$, $p = 0{,}0003$, $\lambda = n \cdot p = 3$ erhalten wir
>
> $$P(X = 5) = \frac{\lambda^5}{k!} e^{-\lambda} = \frac{3^5}{5!} e^{-3} = 0{,}1008.$$
>
> **Frage 2: Wie viele gestörte Anschlüsse sind in einer Woche (einschließlich Wochenende) zu erwarten?**
>
> Pro Tag sind es $E(X) = \lambda = 3$, in einer Woche also $7 \cdot E(X) = 7\lambda = 21$.

5.2 Spezielle stetige Verteilungen

In diesem Abschnitt behandeln wir verschiedene stetige Verteilungen, die zum Kernbestand der Wahrscheinlichkeitsrechnung gehören und in vielen Anwendungen eine Rolle spielen. Anders als bei den diskreten Verteilungen in ▶ Abschn. 5.1, die im Zusammenhang mit der Auswahl von Kugeln interpretiert werden konnten, liegen diesen stetigen Verteilungen sehr unterschiedliche Ansätze zugrunde.

5.2.1 Rechteckverteilung

Mit der Rechteckverteilung beschreibt man eine Variable, die ihre Werte gleichmäßig in einem Intervall annimmt. Oft variiert eine Zufallsgröße in einem festen Intervall, ohne dass bestimmte Werte wahrscheinlicher sind als andere. Die Wahrscheinlichkeit etwa, dass X einen Wert in der unteren Hälfte des Intervalls annimmt, ist dann gleich 0,5. Eine solche Größe besitzt eine stetige Verteilung; man nennt sie die stetige Gleichverteilung oder Rechteckverteilung (Abb. 5.9).

Sei $[a,b]$ ein solches Intervall: $a < b$. Die Wahrscheinlichkeit, dass X in ein Teilintervall $[c,d]$ von $[a,b]$ fällt, wird als proportional der Länge des Teilintervalls angenommen:

$$P(c \leq X \leq d) = \frac{1}{b-a} \cdot (d-c) \quad \text{für} \quad [c,d] \subset [a,b].$$

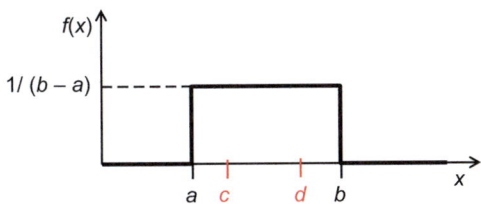

Abb. 5.9 Rechteckverteilung

Definition

Wir betrachten ein Intervall $[a, b]$ mit $a < b$. Eine Zufallsgröße X heißt **stetig gleichverteilt** oder **rechteckverteilt**, kurz $X \sim R(a, b)$, wenn ihre Wahrscheinlichkeitsdichte gleich

$$f(x) = \frac{1}{b-a} \quad \text{für} \quad a \leq x \leq b \qquad (5.8)$$

und ansonsten für $x < a$ und $x > b$ gleich null ist.

Ihre Verteilungsfunktion ist

$$\begin{aligned} F(x) &= \frac{x-a}{b-a}, &&\text{falls } a \leq x \leq b, \\ F(x) &= 0, &&\text{falls } x < a, \\ F(x) &= 1, &&\text{falls } x > b. \end{aligned} \qquad (5.9)$$

Da die Dichte einer rechteckverteilten Zufallsgröße X symmetrisch zur Mitte des Intervalls $[a, b]$ ist, hat X die Schiefe null, und der Erwartungswert liegt im Mittelpunkt $(a + b)/2$ des Intervalls.

Der Median ist gleich dem Erwartungswert. Der Modus ist hier nicht eindeutig: Jeder Punkt des Intervalls ist ein globales Maximum der Dichte, also ein Modus. Die Varianz ist gleich dem Quadrat der Intervalllänge geteilt durch 12, die Standardabweichung demnach proportional zur Länge des Intervalls. Wir fassen zusammen:

$$\begin{aligned} E(X) &= \text{med}(X) = \frac{a+b}{2}, \\ \text{Var}(X) &= \frac{(b-a)^2}{12}, \quad \delta(X) = 0. \end{aligned} \qquad (5.10)$$

B 5.4 Berechnungen zur Rechteckverteilung

Sei $X \sim R(3, 7)$.

Frage 1: Wie groß sind Erwartungswert und Varianz von X?

$$E(X) = \frac{3+7}{2} = 5,$$
$$\text{Var}(X) = \frac{(b-a)^2}{12} = \frac{(7-3)^2}{12} = 1,\overline{33}.$$

Frage 2: Die Rechteckverteilung hat zwei Parameter, a und b. Sind diese als Lageparameter und/oder als Skalenparameter zu gebrauchen?

Sei X rechteckverteilt auf $[a, b]$, $X \sim R(a, b)$ und Y eine Verschiebung um eine Konstante α. Dann ist Y rechteckverteilt auf dem um α verschobenen Intervall $[a+\alpha, b+\alpha]$, $Y \sim R(a+\alpha, b+\alpha)$. Also sind sowohl a als auch b Lageparameter.

Nun sei Z ein Vielfaches von X mit dem Faktor β, $Z = \beta X$. Dann ist Z rechteckverteilt auf dem Intervall $[\beta a, \beta b]$. Dies zeigt, dass a und b auch Skalenparameter sind.

Natürlich stellen außerdem – wie bei jeder Verteilung – der Erwartungswert und der Median Lageparameter sowie die Standardabweichung einen Skalenparameter dar.

5.2.2 Exponentialverteilung

Die Exponentialverteilung (Abb. 5.10) nimmt alle Werte der positiven Halbachse an. Sie dient zur Beschreibung einer Zeitspanne wie etwa der Lebensdauer einer technischen Vorrichtung. Eine solche Verteilung wird als **Lebensdauerverteilung** bezeichnet.

Definition

Sei $\lambda > 0$. Eine Zufallsgröße X nennt man **exponentialverteilt**, kurz $X \sim \text{Exp}(\lambda)$, wenn sie folgende Wahrscheinlichkeitsdichte besitzt:

$$f(x) = \begin{cases} \lambda e^{-\lambda x}, & \text{falls } x \geq 0, \\ 0, & \text{falls } x < 0. \end{cases} \qquad (5.11)$$

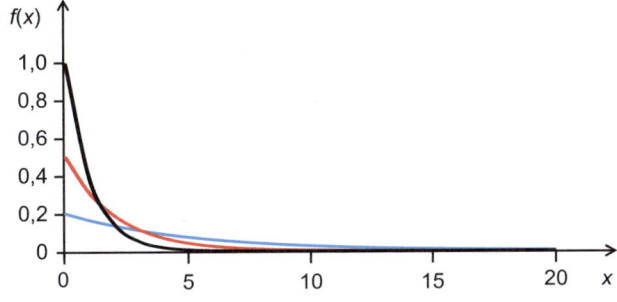

Abb. 5.10 Exponentialverteilungen

Berechnung von Verteilungsfunktion und Erwartungswert

Die Verteilungsfunktion einer exponentialverteilten Zufallsgröße ergibt sich als das Integral der Dichte:

$$F(x) = \int_{-\infty}^{x} f(z) \cdot dz = \int_{0}^{x} \lambda \cdot e^{-\lambda z} dz.$$

Wir verwenden die Formel

$$\int e^{ax} dx = \frac{1}{a} e^{ax}, \quad \text{sofern } a \neq 0,$$

und erhalten mit $a = -\lambda$

$$F(x) = \int_{0}^{x} \lambda e^{-\lambda z} dz = \left[\frac{\lambda}{-\lambda} e^{-\lambda z}\right]_{0}^{x} = -e^{-\lambda x} + 1,$$

$$F(x) = 1 - e^{-\lambda x}. \tag{5.12}$$

Als Nächstes berechnen wir den **Erwartungswert** einer exponentialverteilten Zufallsgröße X. Es gilt

$$E(X) = \int_{-\infty}^{\infty} x \cdot f(x) \cdot dx = \lambda \int_{0}^{\infty} x \cdot e^{-\lambda x} \cdot dx.$$

Zur Lösung eines Integrals der Form

$$\int x \cdot e^{ax} \cdot dx$$

verwenden wir partielle Integration gemäß der Formel

$$\int u(x) \cdot v'(x) \cdot dx = u(x) \cdot v(x) - \int u'(x) \cdot v(x) \cdot dx.$$

Speziell setzen wir $u(x) = x$ und $v'(x) = e^{ax}$, woraus folgt:

$$u'(x) = 1 \quad \text{und} \quad v(x) = \int e^{ax} dx = \frac{1}{a} e^{ax},$$

$$\int x e^{ax} \cdot dx = \frac{x}{a} e^{ax} - \int \frac{1}{a} e^{ax} dx = \frac{x}{a} e^{ax} - \frac{1}{a^2} e^{ax},$$

$$\int x e^{ax} \cdot dx = \frac{e^{ax}}{a^2} (ax - 1).$$

Es folgt mit $a = -\lambda$:

$$E(X) = \lambda \int_{0}^{\infty} x e^{-\lambda x} dx = \lambda \left[\frac{e^{-\lambda x}}{\lambda^2}(-\lambda x - 1)\right]_{0}^{\infty}$$

$$= -\lambda \left[\frac{e^{-\lambda x}}{\lambda^2}(\lambda x + 1)\right]_{0}^{\infty},$$

$$E(X) = -\lambda \underbrace{\left\{\lim_{x \to \infty}\left[\frac{e^{-\lambda x}}{\lambda^2}(\lambda x + 1)\right]\right\}}_{0} + \lambda \frac{1}{\lambda^2},$$

$$E(X) = \frac{1}{\lambda}. \tag{5.13}$$

Varianz und Schiefe

Varianz und Schiefe der Exponentialverteilung lassen sich in gleicher Weise durch partielle Integration berechnen. Die **Varianz** beträgt

$$\text{Var}[X] = E\left[(X - E[X])^2\right] = \int_{-\infty}^{\infty} \left[x - \frac{1}{\lambda}\right]^2 \cdot \lambda e^{-\lambda x} dx = \frac{1}{\lambda^2}.$$

Die **Standardabweichung** ist also gleich $1/\lambda$. Der Parameter $1/\lambda$ dient demnach als Skalenparameter. Wenn X eine $\text{Exp}(\lambda)$-Verteilung besitzt, so hat λX eine $\text{Exp}(1)$-Verteilung.

Die **Schiefe** einer $\text{Exp}(\lambda)$-Verteilung hängt nicht von λ ab, sie beträgt

$$\delta(X) = \frac{E\left[(X - E[X])^3\right]}{\sqrt{(\text{Var}[X])^3}} = \frac{\int_{-\infty}^{\infty} \left[x - \frac{1}{\lambda}\right]^3 \cdot \lambda e^{-\lambda x} dx}{\sqrt{\left(\frac{1}{\lambda^2}\right)^3}} = 2.$$

Die Exponentialverteilung ist rechtsschief, wie man auch am Graphen ihrer Dichte sieht.

Wir fassen zusammen: Erwartungswert, Varianz und Schiefe eines exponentialverteilten X sind:

$$E(X) = \frac{1}{\lambda}, \quad \text{Var}(X) = \frac{1}{\lambda^2}, \quad \delta(X) = 2.$$

Gedächtnislosigkeit der Exponentialverteilung

Wir betrachten nun eine *bedingte* Überlebenswahrscheinlichkeit, nämlich die Wahrscheinlichkeit, dass ein exponentialverteiltes X den Wert y nicht überschreitet unter der Bedingung, dass X bereits größer als z ist. Mit anderen Worten: Wir betrachten die Wahrscheinlichkeit, dass ein Individuum (oder technisches Gerät), das bereits z Zeiteinheiten „gelebt" hat, höchstens y Zeiteinheiten „alt wird", wenn man seine Lebensdauer X als exponentialverteilt annimmt.

$$P(X \leq y \mid X > z) = \frac{P(X \leq y \text{ und } X > z)}{P(X > z)}$$

$$= \frac{P(X \leq y) - P(X \leq z)}{P(X > z)}$$

$$= \frac{1 - e^{-\lambda y} - (1 - e^{-\lambda z})}{1 - (1 - e^{-\lambda z})} = \frac{e^{-\lambda z} - e^{-\lambda y}}{e^{-\lambda z}}$$

$$= 1 - e^{-\lambda(y-z)}.$$

Wir haben gezeigt: Zu jedem Zeitpunkt z hat die über z hinausgehende Restlebensdauer dieselbe Dichte wie die ursprüngliche, vom Zeitpunkt 0 ausgehende Lebensdauer. Auf diese Weise beschreibt die Exponentialverteilung die Lebensdauer eines Objekts, das nicht altert. Bei vielen technischen Objekten nimmt die Ausfallrate nach einer Frühphase erhöhter Ausfälle über einen langen Zeitraum einen nahezu konstanten Wert an, bevor die Endphase mit steigender Ausfallrate beginnt; insgesamt erhält man eine sog. Badewannenkurve. In der Zeit quasikonstanter Ausfallrate kann man annehmen, dass die Ausfälle nicht altersbedingt sind, und sie durch eine Exponentialverteilung beschreiben. Man bezeichnet die Verteilung deshalb auch als **gedächtnislos**, da es auf die vergangene Lebensdauer nicht ankommt (s. auch Frage 2 in Beispiel 5.5).

B 5.5 Lebensdauer von Lampen

Ein Hersteller von 230-V-LED-Lampen gibt die mittlere Lebensdauer seiner Lampen mit 10.000 h an.

Frage 1: Wie groß ist die Wahrscheinlichkeit, dass eine dieser Lampen nicht länger als 8000 h brennt unter der Annahme, dass deren Lebensdauer exponentialverteilt ist?

Lösung:

$$E(X) = 10.000 \rightarrow \lambda = \frac{1}{E(X)} = 0{,}0001,$$

Wie in Abb. 5.11 gezeigt, ist erhalten wir

$$P(X < 8000) = \underbrace{\int_0^{8000} f(x)dx}_{\text{Fläche unter } f(x)} = F(8000)$$

$$= 1 - e^{-0{,}0001 \cdot 8000} = 0{,}55.$$

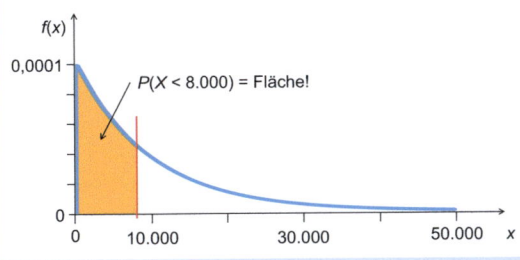

Abb. 5.11 Ausfallwahrscheinlichkeit einer 230-V-LED

Die Wahrscheinlichkeit, dass die Lampe länger als 8000 h brennt, ist also nur

$$P(X \geq 8000) = 1 - P(X < 8000) = 1 - 0{,}55 = 0{,}45,$$

obwohl die mittlere Lebensdauer 10.000 h beträgt.

Frage 2: Wir betrachten jetzt eine Lampe, die bereits 8000 h gebrannt hat, ohne ausgefallen zu sein. Wie groß ist die Wahrscheinlichkeit, dass die Lampe weitere 8000 h durchhält?

Wir suchen also die bedingte Wahrscheinlichkeit, dass die Lampe mindesten 16.000 h brennt, wenn sie bereits 8000 h ohne Ausfall gebrannt hat:

$$P(X \geq 16.000 \,|\, X \geq 8000)$$
$$= \frac{P(X \geq 16.000 \text{ und } X \geq 8000)}{P(X \geq 8000)}.$$

Beachte: Hier ist $P(X \geq 16.000 \text{ und } X \geq 8000) = P(X \geq 16.000)$, denn wenn die Lampe 16.000 h gebrannt hat, hat sie auch bereits 8000 h gebrannt. Mit $P(X \geq x) = 1 - F(x) = e^{-\lambda x}$ folgt

$$P(X \geq 16.000 | X \geq 8000) = \frac{P(X \geq 16.000)}{P(X \geq 8000)}$$
$$= \frac{e^{-16.000\lambda}}{e^{-8000\lambda}} = e^{-8000\lambda}$$
$$= e^{-8000 \cdot 0{,}0001} = 0{,}45.$$

Zur Erinnerung: Es gilt

$$e^a \cdot e^b = e^{a+b}; \quad \frac{e^a}{e^b} = e^{a-b}.$$

Wir sehen also, dass die Überlebenswahrscheinlichkeit $P(X \geq 16.000 \,|\, X \geq 8000) = P(X \geq 8000)$ beträgt. Dieses Beispiel dient zur Illustration der „Gedächtnislosigkeit". ◀

5.2.3 Gauß-Verteilung

Eine besonders wichtige stetige Verteilung ist die **Gauß-Verteilung**. Sie ist in vielen Anwendungen zumindest als Näherung brauchbar und wird deshalb auch als **Normalverteilung** bezeichnet Ihr ist das folgende ▶ Kap. 6 gewidmet.

Normalverteilung und zentraler Grenzwertsatz

6

Was ist „normal" an der Normalverteilung?

Wann passt sie als Modell eines Zufallsvorgangs?

Wie berechnet man ihre Wahrscheinlichkeiten?

6.1 Gauß-Verteilung (Normalverteilung) 56

6.2 Standardisierung und Quantile einer Gauß-Verteilung 57

6.3 Zentraler Grenzwertsatz 60

6 Normalverteilung und zentraler Grenzwertsatz

Die bekannteste stetige Verteilung ist die **Gauß-Verteilung**. Sie ist ein Grundmodell für symmetrische Abweichungen von einem Mittelwert und kann in vielen Anwendungen *zumindest als Näherung* verwendet werden. Sie wird deshalb auch als **Normalverteilung** bezeichnet.

6.1 Gauß-Verteilung (Normalverteilung)

Definition

Eine Zufallsvariable X nennt man **Gauß-verteilt** oder **normalverteilt**, wenn sie die Dichte

$$f(x) = \frac{1}{\sqrt{2\pi} \cdot \sigma} e^{-\frac{1}{2}\left(\frac{x-\mu}{\sigma}\right)^2}, \quad x \in \mathbb{R} \quad (6.1)$$

besitzt.

Man schreibt kurz

$$X \sim N(\mu, \sigma^2).$$

Dabei sind μ und σ^2 Parameter:

$$\mu \in \mathbb{R}, \quad \sigma^2 > 0.$$

Die Normalverteilung geht auf C. F. Gauß (1777–1855) zurück. (Bevor Gauß seine Glockenkurve erfand, war er bereits als kleiner Junge durch seine Summenformel $1+2+\ldots+n = (n+1)\cdot n/2$ bekannt, den sogenannten **kleinen Gauß**; Abb. 6.1.)

Die Dichte der Normalverteilung beschreibt eine **Glockenkurve** (Abb. 6.2), die symmetrisch zu μ ist. Für beliebige z gilt

$$f(\mu + z) = f(\mu - z).$$

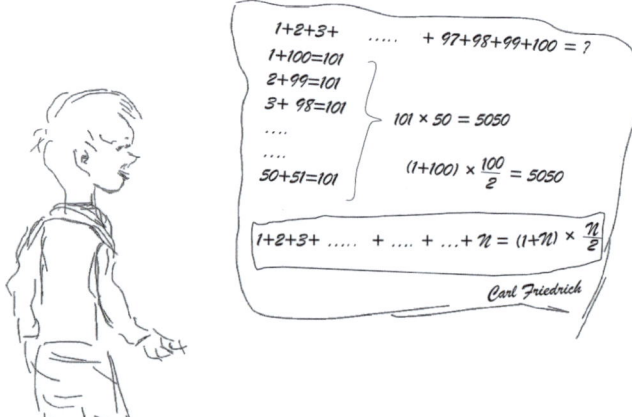

Abb. 6.1 Der kleine Gauß

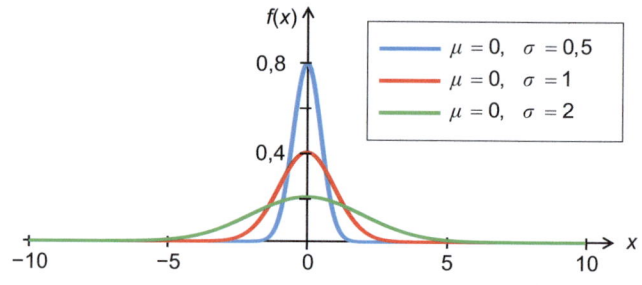

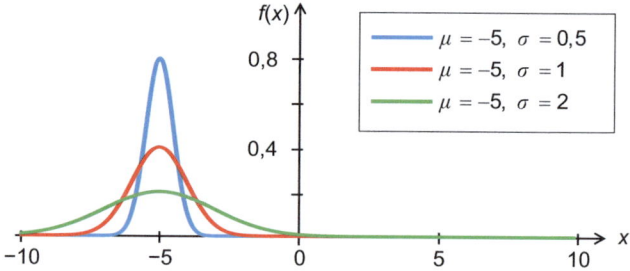

Abb. 6.2 Dichte der Normalverteilung für verschiedene Parameter

Die Varianz einer normalverteilten Zufallsvariablen $X \sim N(\mu, \sigma^2)$ beträgt σ^2. Wegen der Symmetrie zu μ ist der Erwartungswert gleich μ und die Schiefe gleich 0:

Definition

$$E(X) = \mu, \quad \text{Var}(X) = \sigma^2, \quad \delta(X) = 0. \quad (6.2)$$

Viele messbare Größen in der Natur (Physik, Biologie) und Technik sind annähernd normalverteilt. **Zum Beispiel streut bei einem Abfüllautomat für Schüttgut oder Flüssigkeiten die abgefüllte Menge** um einen eingestellten Sollwert; sie lässt sich als normalverteilte Größe mit Erwartungswert (= Symmetriepunkt) μ auffassen.

Die **Verteilungsfunktion einer Normalverteilung** ist die Stammfunktion* der Dichte

$$f(x) = \frac{1}{\sqrt{2\pi} \cdot \sigma} e^{-\frac{1}{2}\left(\frac{x-\mu}{\sigma}\right)^2}.$$

Man kann diese Stammfunktion $F(x)$ nicht analytisch (d. h. als geschlossene Formel) berechnen, sondern muss sie mithilfe numerischer Verfahren approximieren. Da die Dichte überall > 0 ist, steigt die Verteilungsfunktion strikt an.

Die Verteilung $N(\mu, \sigma^2)$ wird auch als **allgemeine Normalverteilung** bezeichnet. Mit den Parametern $\mu = 0$ und $\sigma^2 = 1$ erhält man die **Standard-Normalverteilung** $N(0, 1)$. Sie hat

---

* Ist f eine Funktion, so heißt F **Stammfunktion** von f, wenn für alle (bis auf höchstens abzählbar viele Ausnahmestellen) x die Ableitung von $F(x)$ gleich $f(x)$ ist.

6.2 Standardisierung und Quantile einer Gauß-Verteilung

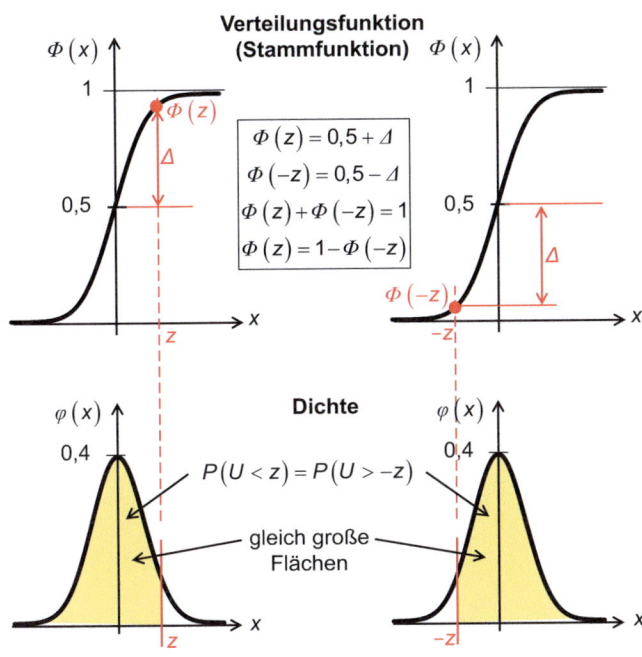

Abb. 6.3 Symmetrie der Standard-Normalverteilung

den Erwartungswert $E(X) = \mu = 0$ und die Standardabweichung $\sigma = 1$. Ihre Dichte ist

$$\varphi(z) = \frac{1}{\sqrt{2\pi}} e^{-\frac{1}{2}z^2}, \quad z \in \mathbb{R}. \tag{6.3}$$

Die Stammfunktion von φ ist die Verteilungsfunktion von $N(0, 1)$. Sie heißt **Standard-Normalverteilungsfunktion** und wird mit Φ bezeichnet. Ihre Werte werden in Tabellen nachgeschlagen oder mittels statistischer Software berechnet.

Die Dichte der Standard-Normalverteilung ist symmetrisch zu 0 (Abb. 6.3). Für alle z gilt

$$\varphi(z) = \varphi(-z).$$

Wenn eine Zufallsvariable U standard-normalverteilt ist, $U \sim N(0, 1)$, folgt daraus für beliebige z

$$P[U < z] = P[U > -z].$$

Es folgt

$$\Phi(z) = P[U \leq z] = P[U < z] = P[U > -z]$$
$$= 1 - P[U \leq -z] = 1 - \Phi(-z),$$

also

$$\Phi(z) = 1 - \Phi(-z) \quad \text{für alle } z \in \mathbb{R}. \tag{6.4}$$

In Tabellen genügt es deshalb, die Werte $\Phi(z)$ der Standard-Normalverteilungsfunktion lediglich für positive z anzugeben; für negative z erhält man die Werte aus der Formel $\Phi(z) = 1 - \Phi(-z)$.

Eine beliebige (nicht notwendig normalverteilte) Zufallsvariable X wird **zentriert**, indem man sie um ihren Erwartungswert μ vermindert:

$$X \mapsto Z = X - \mu.$$

Abb. 6.4 zeigt die Dichten einer stetigen Zufallsgröße X und ihrer Zentrierung Z.

Eine beliebige Zufallsvariable X wird **standardisiert**, indem man erst ihren Erwartungswert μ abzieht und sie danach durch ihre Standardabweichung σ dividiert:

$$X \mapsto Y = \frac{X - \mu}{\sigma} = \frac{Z}{\sigma}.$$

Im Fall einer Normalverteilung, $X \sim N(\mu, \sigma^2)$, erhalten wir die Standard-Normalverteilung. Die Dichte von Y hat dann die in Abb. 6.5 gezeigte Gestalt.

Sei nun $X \sim N(\mu, \sigma^2)$. Die Wahrscheinlichkeit, dass X in ein Intervall $[a, b]$ fällt, ist gleich der Fläche unter der Dichte $f(x)$ zwischen a und b (Abb. 6.6a):

$$P(a \leq X \leq b) = \int_a^b f(x)dx.$$

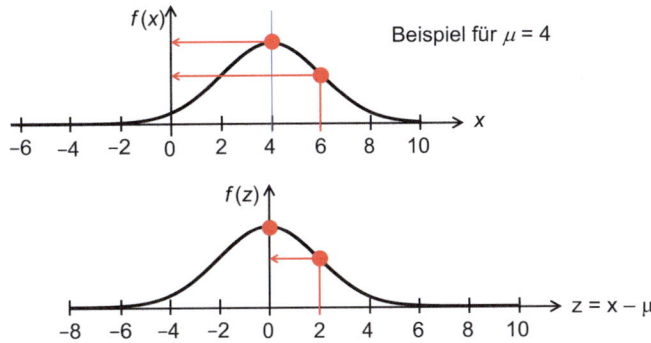

Abb. 6.4 Zentrierung

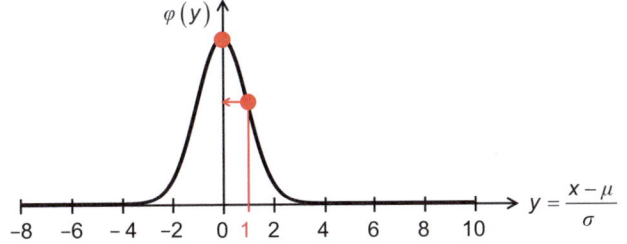

Abb. 6.5 Standard-Normalverteilung

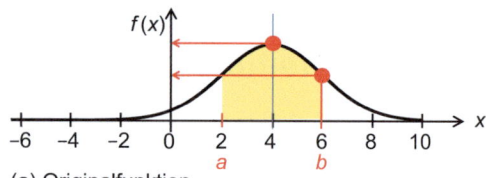

(a) Originalfunktion

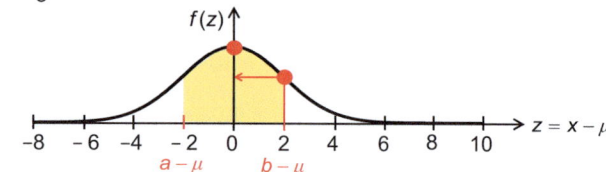

(b) zentrierte Funktion

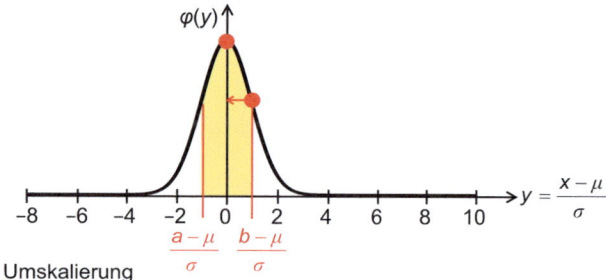

(c) Umskalierung

Abb. 6.6 Berechnung einer Intervallwahrscheinlichkeit: **a** Originalfunktion **b** Zentrierung **c** Umskalierung

Die Fläche ändert sich nicht durch die Zentrierung (Abb. 6.6b):

$$P(a \leq X \leq b) = P\left(a-\mu \leq \underbrace{X-\mu}_{Z} \leq b-\mu\right) = \int_{a-\mu}^{b-\mu} f(z)dz.$$

Sie ändert sich auch nicht durch folgende Umskalierung (Abb. 6.6c):

$$P(a \leq X \leq b) = P\left(a-\mu \leq \underbrace{X-\mu}_{Z} \leq b-\mu\right)$$

$$= P\left(\frac{a-\mu}{\sigma} \leq \underbrace{\frac{X-\mu}{\sigma}}_{Y} \leq \frac{b-\mu}{\sigma}\right)$$

$$= \int_{\frac{a-\mu}{\sigma}}^{\frac{b-\mu}{\sigma}} \varphi(y)dy = \Phi\left(\frac{b-\mu}{\sigma}\right) - \Phi\left(\frac{a-\mu}{\sigma}\right).$$

Als Ergebnis erhalten wir, dass die Wahrscheinlichkeit für $X \in [a,b]$ gleich dem Zuwachs der Standard-Normalverteilungsfunktion zwischen den standardisierten Grenzen des Intervalls ist:

$$P(a \leq X \leq b) = \Phi\left(\frac{b-\mu}{\sigma}\right) - \Phi\left(\frac{a-\mu}{\sigma}\right).$$

Mit $a \to -\infty$ bzw. $b \to \infty$ folgt:

$$P(X < b) = P(X \leq b) = \Phi\left(\frac{b-\mu}{\sigma}\right),$$
$$P(X > a) = P(X \geq a) = 1 - \Phi\left(\frac{a-\mu}{\sigma}\right).$$

Das gilt insbesondere für $b = \mu$. Die Werte $F_X(x)$ der Verteilungsfunktion einer allgemein normalverteilten Zufallsgröße $X \sim N(\mu, \sigma^2)$ lassen sich demnach über die Verteilungsfunktion der Standard-Normalverteilung berechnen:

$$F_X(x) = P(X \leq x) = \Phi\left(\frac{x-\mu}{\sigma}\right), \quad x \in \mathbb{R}.$$

Es folgt für die Standardisierung $Y = \frac{X-\mu}{\sigma}$ von X:

$$F_Y\left(\frac{x-\mu}{\sigma}\right) = P\left(Y \leq \frac{x-\mu}{\sigma}\right) = P\left(\frac{X-\mu}{\sigma} \leq \frac{x-\mu}{\sigma}\right)$$
$$= P(X \leq x) = \Phi\left(\frac{x-\mu}{\sigma}\right),$$

d. h., die Verteilungsfunktion von Y ist die Standard-Normalverteilungsfunktion Φ.

Die Standardisierung einer allgemein normalverteilten Zufallsgröße ist standard-normalverteilt.

Umgekehrt: Wenn eine Zufallsgröße Z standard-normalverteilt ist, $Z \sim N(0,1)$, so folgt, dass die transformierte Zufallsgröße $X = \mu + \sigma Z$ allgemein normalverteilt ist mit Parametern μ und σ^2:

$$X = \mu + \sigma Z \sim N(\mu, \sigma^2).$$

Um die Wahrscheinlichkeit zu bestimmen, dass X in ein Intervall zwischen den Grenzen a und b fällt, genügt es, die Verteilungsfunktion Φ der Standard-Normalverteilung $N(0,1)$ zu kennen:

$$\begin{aligned} P[a < X \leq b] &= F_X(b) - F_X(a) \\ &= \Phi\left(\frac{b-\mu}{\sigma}\right) - \Phi\left(\frac{a-\mu}{\sigma}\right) \\ &= P[a \leq X \leq b] = P[a \leq X < b] \\ &= P[a < X < b]. \end{aligned} \quad (6.5)$$

Die letzte Zeile gilt, weil die Normalverteilung eine stetige Verteilung ist: Die Wahrscheinlichkeiten für das offene, abgeschlossene und halboffene Intervall sind gleich.

B 6.1 Intervallwahrscheinlichkeiten

Eine Zufallsgröße X sei normalverteilt mit den Parametern $\mu = 5$ und $\sigma = 3$, also $X \sim N(5,9)$.

Wir berechnen einige Wahrscheinlichkeiten:

$$\begin{aligned} P[6{,}5 \leq X \leq 11] &= \Phi\left(\frac{11-5}{3}\right) - \Phi\left(\frac{6{,}5-5}{3}\right) \\ &= \Phi(2) - \Phi(0{,}5) \\ &= 0{,}97725 - 0{,}69146 = 0{,}28579. \end{aligned}$$

6.2 Standardisierung und Quantile einer Gauß-Verteilung

Die Werte für $\Phi(2) = 0{,}97725$ und $\Phi(0{,}5) = 0{,}69146$ entnehmen wir der Tabelle der Standard-Normalverteilung in Abb. 6.7 (rot umrandete Felder).

$$P[X < 2] = \Phi\left(\frac{2-5}{3}\right) = \Phi(-1) = 1 - \Phi(+1)$$
$$= 1 - 0{,}84134 = 0{,}15866,$$
$$P[X > 6{,}5] = 1 - \Phi\left(\frac{6{,}5-5}{3}\right) = 1 - \Phi(0{,}5)$$
$$= 1 - 0{,}69146 = 0{,}30854.$$ ◀

Die **Quantile** der Standard-Normalverteilung $N(0,1)$ werden mit u_p, $0 < p < 1$, bezeichnet.

Es gilt
$$\Phi(u_p) = p.$$

Man kann sie aus den Tabellen der Standard-Normalverteilungsfunktion im Tabellenanhang (siehe Tab. B.2) ableiten, wie in Beispiel 6.2 gezeigt wird.

Die in Anwendungen wichtigsten Quantile sind die mit p nahe 1:

p	0,800	0,850	0,900	0,950	0,975
u_p	0,842	1,036	1,282	1,645	1,960
p	0,990	0,995	0,999	0,9995	0,9999
u_p	2,326	2,576	3,090	3,291	3,720

Wegen der Symmetrie der Standard-Normalverteilung um 0 gilt die Beziehung $u_p = -u_{1-p}$ (Abb. 6.3). Daraus bestimmt man Quantile auch für kleine p, beispielsweise $u_{0{,}10} = -u_{0{,}90} = -1{,}282$.

$\Phi_{0,1}(y)$ $\Phi(-y) = 1 - \Phi(y)$

y / *	0	1	2	3	4	5	6	7	8	9
0,0	0,50000	0,50399	0,50798	0,51197	0,51595	0,51994	0,52392	0,52790	0,53188	0,53586
0,1	0,53983	0,54380	0,54776	0,55172	0,55567	0,55962	0,56356	0,56749	0,57142	0,57535
0,2	0,57926	0,58317	0,58706	0,59095	0,59483	0,59871	0,60257	0,60642	0,61026	0,61409
0,3	0,61791	0,62172	0,62552	0,62930	0,63307	0,63683	0,64058	0,64431	0,64803	0,65173
0,4	0,65542	0,65910	0,66276	0,66640	0,67003	0,67364	0,67724	0,68082	0,68439	0,68793
0,5	0,69146	0,69497	0,69847	0,70194	0,70540	0,70884	0,71226	0,71566	0,71904	0,72240
0,6	0,72575	0,72907	0,73237	0,73565	0,73891	0,74215	0,74537	0,74857	0,75175	0,75490
0,7	0,75804	0,76115	0,76424	0,76730	0,77035	0,77337	0,77637	0,77935	0,78230	0,78524
0,8	0,78814	0,79103	0,79389	0,79673	0,79955	0,80234	0,80511	0,80785	0,81057	0,81327
0,9	0,81594	0,81859	0,82121	0,82381	0,82639	0,82894	0,83147	0,83398	0,83646	0,83891
1,0	0,84134	0,84375	0,84614	0,84849	0,85083	0,85314	0,85543	0,85769	0,85993	0,86214
1,1	0,86433	0,86650	0,86864	0,87076	0,87286	0,87493	0,87698	0,87900	0,88100	0,88298
1,2	0,88493	0,88686	0,88877	0,89065	0,89251	0,89435	0,89617	0,89796	0,89973	0,90147
1,3	0,90320	0,90490	0,90658	0,90824	0,90988	0,91149	0,91309	0,91466	0,91621	0,91774
1,4	0,91924	0,92073	0,92220	0,92364	0,92507	0,92647	0,92785	0,92922	0,93056	0,93189
1,5	0,93319	0,93448	0,93574	0,93699	0,93822	0,93943	0,94062	0,94179	0,94295	0,94408
1,6	0,94520	0,94630	0,94738	0,94845	0,94950	0,95053	0,95154	0,95254	0,95352	0,95449
1,7	0,95543	0,95637	0,95728	0,95818	0,95907	0,95994	0,96080	0,96164	0,96246	0,96327
1,8	0,96407	0,96485	0,96562	0,96638	0,96712	0,96784	0,96856	0,96926	0,96995	0,97062
1,9	0,97128	0,97193	0,97257	0,97320	0,97381	0,97441	0,97500	0,97558	0,97615	0,97670
2,0	0,97725	0,97778	0,97831	0,97882	0,97932	0,97982	0,98030	0,98077	0,98124	0,98169

Abb. 6.7 Tabelle der Standard-Normalverteilung (Auszug)

B 6.2 Quantil einer Standard-Normalverteilung

Sei X standard-normalverteilt. Gesucht ist das Quantil der Ordnung $p = 0{,}8$.

Wir bestimmen aus der Tabelle der Standard-Normalverteilung den Wert u_p, für den $\Phi(u_p) = 0{,}8$ gilt. In der Tabelle der Standard-Normalverteilung (Abb. 6.7) finden wir jedoch nur die Werte

$\Phi(y_1) = \Phi(0{,}84) = 0{,}79955$ (blau umrandetes Feld),
$\Phi(y_2) = \Phi(0{,}85) = 0{,}80234$ (grün umrandetes Feld).

Durch lineare Interpolation (Abb. 6.8) erhalten wir

$$u_p = y_1 + (y_2 - y_1) \cdot \frac{\Phi(u_p) - \Phi(y_1)}{\Phi(y_2) - \Phi(y_1)}$$
$$= 0{,}84 + (0{,}85 - 0{,}84) \cdot \frac{0{,}8 - 0{,}79955}{0{,}80234 - 0{,}79955}$$
$$= 0{,}84 + 0{,}01 \cdot \frac{0{,}00045}{0{,}00279} = 0{,}8416.$$

Somit ist

$$u_p = 0{,}8416, \quad \text{also } \Phi(\underbrace{0{,}8416}_{u_p}) = \underbrace{0{,}8}_{p}.$$

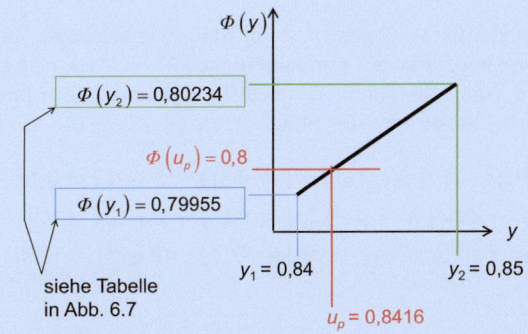

Abb. 6.8 Lineare Interpolation ◀

Sei nun X wieder allgemein normalverteilt: $X \sim N(\mu, \sigma^2)$. Wir suchen das p-Quantil x_p von X.

Wegen

$$p = P(X \leq x_p) = \Phi\left(\frac{x_p - \mu}{\sigma}\right) = \Phi(u_p)$$

ist

$$u_p = \frac{x_p - \mu}{\sigma},$$

also

$$x_p = \mu + \sigma \cdot u_p.$$

Das **p-Quantil x_p** einer allgemeinen Normalverteilung $N(\mu, \sigma^2)$ erhält man aus dem p-Quantil der Standard-Normalverteilung durch Multiplikation mit der Standardabweichung σ und Verschiebung um den Erwartungswert μ.

B 6.3 Quantil einer allgemeinen Normalverteilung

Eine Zufallsgröße X sei normalverteilt mit den Parametern $\mu = 5$ und $\sigma = 3$, also $X \sim N(5,9)$.

Wir bestimmen das **Quantil** der Ordnung 0,8, also die Zahl x_p, für die gilt $P(X \leq x_p) = 0{,}8$ gilt:

Lösung:

$$P(X \leq x_p) = \Phi\left(\frac{x_p - \mu}{\sigma}\right) = \Phi\left(\frac{x_p - 5}{3}\right) = 0{,}8$$

Aus Beispiel 6.2 wissen wir: $\Phi(0{,}8416) = 0{,}8$. Daraus folgt

$$\frac{x_p - \mu}{\sigma} = 0{,}8416,$$
$$x_p = \mu + \sigma \cdot 0{,}8416 = 5 + 3 \cdot 0{,}8416 = 7{,}5248.$$

Mit der Wahrscheinlichkeit 0,8 nimmt die Zufallsgröße X Werte kleiner oder gleich 7,5248 an. ◂

Zentrale Schwankungsintervalle

Die Standardabweichung σ ist ein Maß, wie sehr eine Zufallsvariable streut. Für ein normalverteiltes $X \sim N(\mu, \sigma^2)$ lassen sich die Wahrscheinlichkeiten beziffern, dass X in ein Intervall der Breite 2σ, 4σ bzw. 6σ fällt:

$$P[\mu - \sigma \leq X \leq \mu + \sigma] = \Phi(1) - \Phi(-1) = 0{,}6826,$$
$$P[\mu - 2\sigma \leq X \leq \mu + 2\sigma] = \Phi(2) - \Phi(-2) = 0{,}9544,$$
$$P[\mu - 3\sigma \leq X \leq \mu + 3\sigma] = \Phi(3) - \Phi(-3) = 0{,}9974.$$
(6.6)

Die drei Intervalle bezeichnet man als **Ein-, Zwei-** bzw. **Drei-σ-Bereiche**.

Achtung Der Ein-σ-Bereich einer Normalverteilung enthält etwa zwei Drittel der Wahrscheinlichkeitsmasse, der Zwei-σ-Bereich 95 % und der Drei-σ-Bereich praktisch die gesamte Wahrscheinlichkeitsmasse. ◂

Summen normalverteilter Größen

Addiert man zu einer normalverteilten Zufallsvariablen $X \sim N(\mu, \sigma^2)$ eine konstante Zahl a, so ist

$$a + X \sim N(a + \mu, \sigma^2).$$

Multipliziert man X mit einem Faktor b, so gilt

$$b \cdot X \sim N(b \cdot \mu, b^2 \cdot \sigma^2).$$

Auch die **Summe von gemeinsam normalverteilten** Zufallsvariablen ist wiederum normalverteilt. Aus $X \sim N(\mu_X, \sigma_X^2)$, $Y \sim N(\mu_Y, \sigma_Y^2)$ folgt

$$X + Y \sim N(\mu_X + \mu_Y, \sigma_X^2 + \sigma_Y^2 + 2\sigma_X \sigma_Y \rho_{XY}), \quad (6.7)$$

wobei ρ_{XY} den Korrelationskoeffizienten zwischen X und Y bezeichnet.

6.3 Zentraler Grenzwertsatz

Zu beantworten ist noch die Frage, inwiefern die Normalverteilung als „normale Verteilung" angesehen werden kann.

Unter bestimmten Voraussetzungen ist eine Summe von Zufallsvariablen approximativ normalverteilt. Dafür genügt es, dass die Zufallsvariablen unabhängig und identisch verteilt sind und eine endliche Varianz besitzen; dies ist die Aussage des folgenden **Zentralen Grenzwertsatzes**.

Definition

Sei $X_1, X_2, \ldots, X_n, \ldots$ eine Folge von identisch verteilten unabhängigen Zufallsvariablen mit $E(X_i) = \mu$, $\text{Var}(X_i) = \sigma^2 < \infty$.

Dann ist für die Summe $Y_n = \sum_{i=1}^{n} X_i$ der ersten n dieser Zufallsvariablen

$$E(Y_n) = n \cdot \mu, \quad \text{Var}(Y_n) = n \cdot \sigma^2.$$

Für $n \to \infty$ gilt

$$\lim_{n \to \infty} P(Y_n \leq y) = \Phi\left(\frac{y - n\mu}{\sqrt{n\sigma^2}}\right), \quad (6.8)$$

also für hinreichend großes n die Approximation

$$\frac{Y_n - n\mu}{\sqrt{n\sigma^2}} \overset{\text{appr.}}{\sim} N(0,1), \quad \text{d.h.} \quad Y_n \overset{\text{appr.}}{\sim} N(n\mu, n\sigma^2).$$
(6.9)

Die Aussage des zentralen Grenzwertsatzes wird in Abb. 6.9 beispielhaft durch eine Simulation verdeutlicht: Die Summen von je 40 gleichverteilten Zufallszahlen sind näherungsweise normalverteilt.

Der Zentrale Grenzwertsatz besagt: Wenn hinreichend viele gleichartige unabhängige Zufallsgrößen X_i summiert werden, ist ihre Summe näherungsweise normalverteilt. Er hat zahlreiche Anwendungen. Immer, wenn sich eine größere Anzahl von unabhängigen Einflüssen additiv überlagern, kann die Messgröße als normalverteilt angesehen werden. Ein wichtiges Beispiel ist die Abweichung von einem Sollwert.

Weitere Anwendungen betreffen die Approximation von Binomial- und Poisson-Verteilungen.

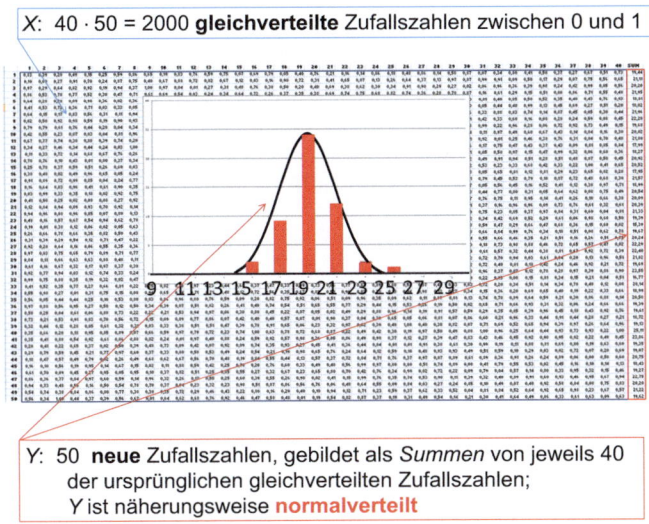

Abb. 6.9 Simulation zum zentralen Grenzwertsatz

Approximation von Verteilungen

Wir betrachten eine **Summe von unabhängigen binomialverteilten** Variablen $X_i \sim B(n_i, p)$, $i = 1, 2, \ldots, k$. Jedes der X_i entspricht der Anzahl der Erfolge einer n_i-stufigen Bernoulli-Versuchsreihe auf ein Ereignis der Wahrscheinlichkeit p.

Dann entspricht die Summe Y der X_i offenbar der Anzahl der Erfolge bei einer Bernoulli-Versuchsreihe mit $n_1 + n_2 + \ldots + n_k$:

$$Y = \sum_{i=1}^{k} X_i \sim B\left(\sum_{i=1}^{k} n_i, p\right). \quad (6.10)$$

Ähnliches gilt für die **Summe von unabhängigen Poisson-verteilten** Variablen $X_i \sim \mathrm{PV}(\lambda_i)$, $i = 1, 2, \ldots, k$.

Die Summe ist ebenfalls Poisson-verteilt:

$$Y = \sum_{i=1}^{k} X_i \sim \mathrm{PV}\left(\sum_{i=1}^{k} \lambda_i\right). \quad (6.11)$$

Hier gilt $E(X_i) = \lambda_i$ und $E\left(\sum_{i=1}^{k} X_i\right) = \sum_{i=1}^{k} \lambda_i$.

Umgekehrt lässt sich daher jede binomialverteilte Zufallsvariable Y als Summe von unabhängigen binomialverteilten Zufallsvariablen auffassen. Entsprechendes gilt für eine Poisson-verteilte Variable Y. Aus dem Zentralen Grenzwertsatz folgt, dass binomialverteilte ebenso wie Poisson-verteilte Zufallsvariable sich grundsätzlich durch normalverteilte Variable approximieren lassen.

Abb. 6.10 zeigt diese Approximationen, zusammen mit sog. Faustregeln für eine hinreichende Näherung der Wahrscheinlichkeiten (auf bis zu zwei Dezimalstellen). Außerdem ist die Approximation der Hypergeometrischen Verteilung durch die Binomialverteilung dargestellt.

Die verschiedenen möglichen Approximationen werden in den Abb. 6.11– 6.14 illustriert.

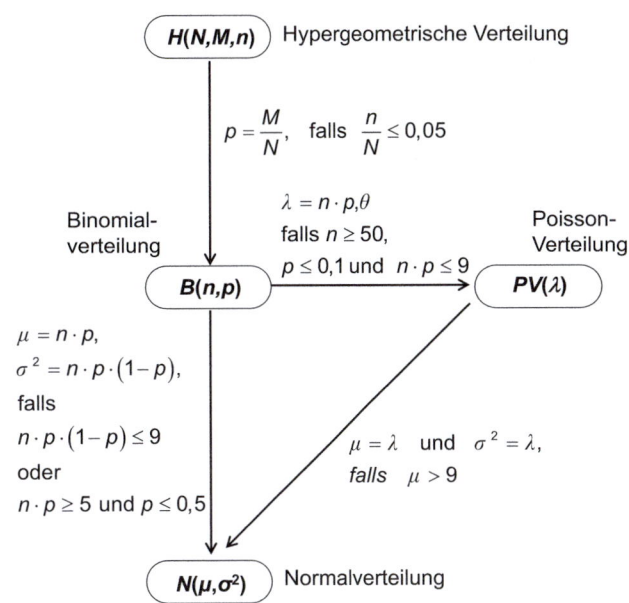

Abb. 6.10 Übersicht über Approximationen

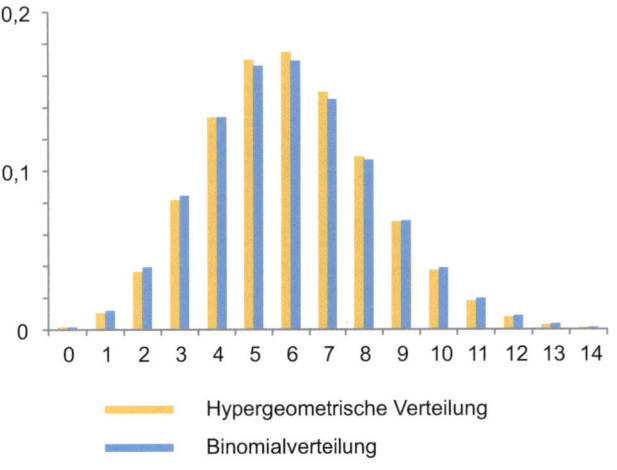

Abb. 6.11 Hypergeometrische und Binomialverteilung

Abb. 6.11 zeigt eine Approximation der Hypergeometrischen Verteilung mit den Parametern $N = 1000$, $M = 100$ und $n = 60$ durch eine Binomialverteilung mit den Parametern $n = 60$ und $p = M/N = 0{,}1$. Man beachte, dass hier mit $n/N = 0{,}06 > 0{,}05$ zwar die Faustregel geringfügig verletzt ist, die Approximation aber dennoch brauchbar erscheint.

In Abb. 6.12 wird die Binomialverteilung $B(60; 0{,}1)$ durch die Poisson-Verteilung $\mathrm{PV}(6)$ approximiert. Hier ist mit $\lambda = n \cdot p = 6 < 9$ ebenfalls die Faustregel verletzt, was sich in einer schlechten Approximation vor allem in der Mitte zeigt.

In Abb. 6.13 wird die Binomialverteilung $B(60; 0{,}1)$ durch die Normalverteilung $N(6; 5{,}4)$ angenähert. Wegen $\sigma^2 = n \cdot p \cdot (1-p) = 5{,}4 \leq 9$ ist die Faustregel erfüllt.

Abb. 6.14 schließlich zeigt die Approximation der Poisson-Verteilung $\mathrm{PV}(6)$ durch die Normalverteilung $N(6; 6)$. Mit $\mu =$

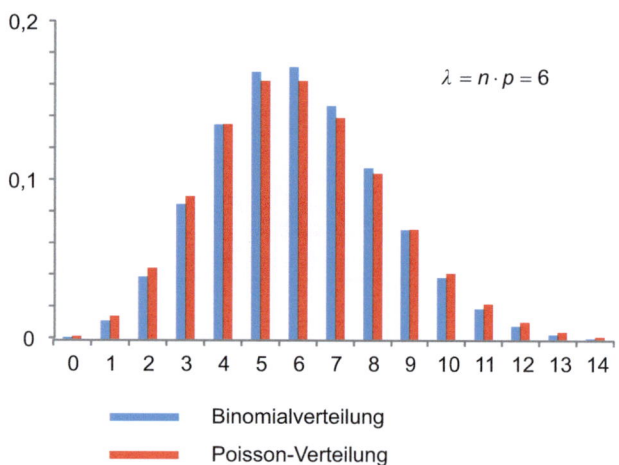

Abb. 6.12 Binomialverteilung und Poisson-Verteilung

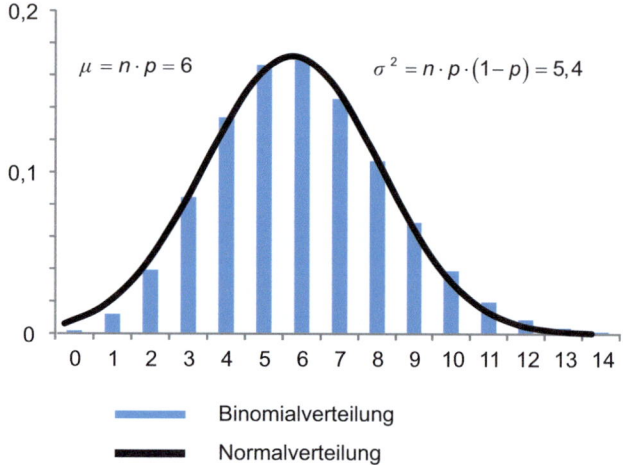

Abb. 6.13 Binomialverteilung und Normalverteilung

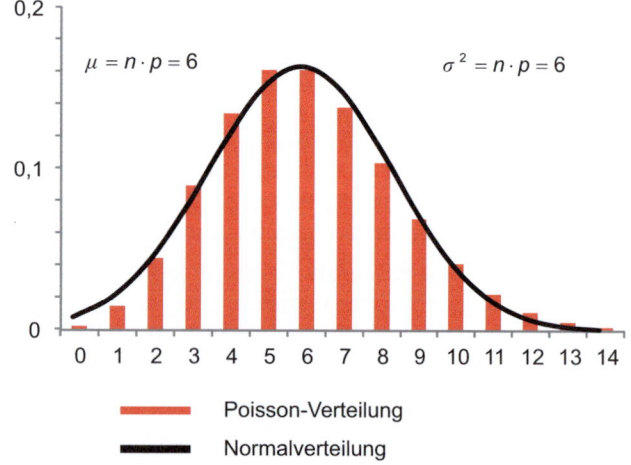

Abb. 6.14 Poisson-Verteilung und Normalverteilung

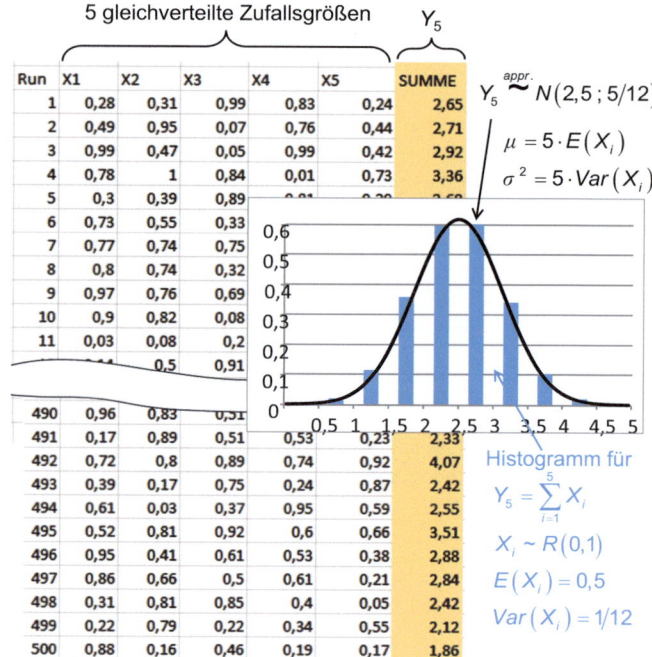

Abb. 6.15 Approximation einer Rechteckverteilung

$\lambda = \sigma^2 = 6$ ist die Faustregel nicht erfüllt. Offenbar ist die Verteilung PV(6) zu asymmetrisch, um hinreichend genau durch eine Normalverteilung ersetzt werden zu können.

Zur Genauigkeit der Approximation

Der zentrale Grenzwertsatz gilt für Summen von beliebig unabhängig identisch verteilten Zufallsgrößen, sofern nur deren Varianz endlich ist. Es stellt sich allgemein die Frage, unter welchen Umständen er eine hinreichend genaue Approximation der Verteilung liefert. (Was man unter „hinreichend genau" versteht, d. h. wie viele korrekte Dezimalstellen gefordert sind, hängt natürlich von der konkreten Anwendung ab.)

Allgemein gilt: Je symmetrischer die Verteilung der X_i ist und je weniger Masse diese Verteilung auf den äußeren Flanken trägt, umso schneller ist die Konvergenz im Grenzwertsatz und umso besser deshalb die Approximation. Insofern sind die „Faustregeln" nur mit Vorsicht zu verwenden!

So ist z. B. die Rechteckverteilung $R(a, b)$ symmetrisch, und sie besitzt außerhalb des Intervalls $[a, b]$ keine Masse. Deshalb ist die Konvergenz sehr schnell; bereits bei $n = 5$ Variablen unterscheidet sich die Dichte der Summe optisch kaum von einer Normalverteilungsdichte. In Abb. 6.15 wurde die Dichte dieser Summe durch 500 Ziehungen von Zufallszahlen simuliert.

Schließende Statistik – Schätzen

Was ist eine Zufallsstichprobe und wie wird sie gezogen?

Wie lassen sich unbekannte Parameter schätzen?

Wie misst man die Ungenauigkeit einer Schätzung?

7.1	Zufallsstichprobe und Wahrscheinlichkeitsmodell	64
7.2	Punktschätzung	64
7.3	Schätzung einer Wahrscheinlichkeit	66
7.4	Schätzer für spezielle Verteilungen	67
7.5	Intervallschätzung	68
7.6	Konfidenzintervall für einen Erwartungswert bei bekannter Varianz	68
7.7	Konfidenzintervall für einen Erwartungswert bei unbekannter Varianz	70
7.8	Konfidenzintervall für die Varianz einer Normalverteilung	71

© Springer-Verlag Berlin Heidelberg 2017
T. Lange, K. Mosler, *Statistik kompakt*, Springer-Lehrbuch, DOI 10.1007/978-3-662-53467-0_7

Nachdem wir in ▶ Kap. 3 bis ▶ Kap. 6 die Grundbegriffe der Wahrscheinlichkeitsrechnung kennengelernt haben, werden wir nun *Daten* auswerten, die auf Basis einer Zufallsstichprobe beobachtet wurden. Diese Daten sind *Realisationen einer Zufallsgröße*. Die schließende Statistik stellt Methoden bereit, Parameter einer solchen Zufallsgröße zu schätzen und Hypothesen über die Parameter zu testen.

Dieses Kapitel handelt von Verfahren zur **Parameterschätzung**. Ihr Ergebnis ist entweder ein Punkt oder ein Intervall. Grundlegend für das Schätzen und Testen ist der Begriff der Zufallsstichprobe.

7.1 Zufallsstichprobe und Wahrscheinlichkeitsmodell

Ausgangspunkt des statistischen Schließens ist eine Zufallsgröße X, deren Verteilung nicht oder nur zum Teil bekannt ist. Aufgabe ist es, durch mehrfache Beobachtung von X Informationen über die Verteilung zu gewinnen. Jede Beobachtung wird als Zufallsexperiment aufgefasst, ihr Ergebnis als Zufallsgröße. Bezeichne X_i die i-te von insgesamt n Beobachtungen. Die beobachteten Daten $x_1, x_2, \ldots, x_n$ stellen realisierte Werte der Zufallsgrößen $X_1, X_2, \ldots, X_n$ dar.

Eine **Zufallsstichprobe**, kurz **Stichprobe**, besteht aus n Zufallsgrößen $X_1, X_2, \ldots, X_n$, die voneinander unabhängig sind und dieselbe Verteilung besitzen. Die Zahl n heißt **Stichprobenumfang** oder **Stichprobenlänge**. Die Werte $x_1, x_2, \ldots, x_n$ der Zufallsgrößen $X_1, X_2, \ldots, X_n$ heißen **Realisierung** der Stichprobe.

Eine Zahl, die von der Verteilung von X abhängt, nennt man einen **Verteilungsparameter** (oder kurz **Parameter**) von X. Die wichtigsten Parameter einer Verteilung sind der Erwartungswert, die Varianz, die Quantile sowie die Wahrscheinlichkeiten, dass X in bestimmte Intervalle fällt. Mithilfe von Zufallsstichproben kann man solche Verteilungsparameter schätzen.

B 7.1 Mietausgaben

Man interessiert sich für die Mietausgaben der Studierenden am Fachbereich Wirtschaftswissenschaften. Alle 900 Studierenden zu befragen, erscheint unmöglich oder zu aufwendig; deshalb beschränkt man sich auf die Befragung eines Teils.

Aus der Grundgesamtheit aller Wiwi-Studierenden ($N = 900$) wird dazu eine Zufallsstichprobe von $n = 20$ Personen so ausgewählt, dass jeder Studierende die gleiche Wahrscheinlichkeit hat, in die Stichprobe zu kommen. Konkret wählt man aus einer von 1 bis 900 nummerierten Liste der Studierenden mithilfe so genannter Zufallszahlen 20 Personen aus. Der Einfachheit halber ziehen wir mit Zurücklegen, d. h., Wiederholungen sind erlaubt. Dann sind die Ergebnisse der Ziehungen stochastisch unabhängig.

Bezeichne X_1 die Mietausgaben der als Erste ausgewählten Person. Aufgrund der Zufallsauswahl ist X_1 eine Zufallsgröße; sie nimmt mit Wahrscheinlichkeit $1/900$ jeden der Werte $a_1, a_2, \ldots, a_{900}$ (das sind die Mietausgaben der 900 Studierenden) an. Entsprechendes gilt für die Zufallsgrößen $X_2, \ldots, X_{20}$; sie besitzen alle dieselbe Verteilung F_X und sind voneinander unabhängig.

Insbesondere sollen auf Basis der Stichprobe die *mittleren Mietausgaben M* aller Wiwi-Studierenden beziffert werden. Sie sind gleich dem Erwartungswert der Verteilung F_X der X_i, nämlich

$$M = E(X_i) = \frac{1}{900} \sum_{j=1}^{900} a_j, \quad i = 1, \ldots, 20.$$

Den unbekannten Erwartungswert von F_X schätzt man durch das arithmetische Mittel der Beobachtungen aus der Stichprobe:

$$\bar{x} = \frac{1}{20}(x_1 + x_2 + \ldots + x_{20}).$$

Ebenso lassen sich durch $N \cdot \bar{x} = 900 \cdot \bar{x}$ die *gesamten Mietausgaben* $G = \sum_{j=1}^{900} a_j$ schätzen. ◀

Die Verteilung, der die Zufallsgrößen einer Stichprobe folgen, bezeichnet man auch als **Wahrscheinlichkeitsmodell** oder **Datenerzeugungsmodell**. In Beispiel 7.1 ist das Datenerzeugungsmodell eine Laplace-Verteilung auf der Menge aller Mietausgaben $\{a_1, a_2, \ldots, a_{900}\}$.

Offenbar ist die im Beispiel ermittelte Zahl $\bar{x}$ lediglich eine Näherung für den unbekannten Parameter M und $N \cdot \bar{x}$ nur eine Näherung für das unbekannte G. Es stellt sich die Frage, wie genau diese Näherung ist. Sie wird im Folgenden mithilfe der Wahrscheinlichkeitsrechnung beantwortet.

7.2 Punktschätzung

Ausgangspunkt sind Daten, die von einem Wahrscheinlichkeitsmodell erzeugt werden. Wir betrachten die Daten als Stichprobe $X_1, X_2, \ldots, X_n$. Jedes Element der Stichprobe wird durch dieselbe Verteilungsfunktion F_X beschrieben, und die X_i sind unabhängige Zufallsgrößen. Allerdings ist die Verteilungsfunktion F_X nur unvollständig bekannt, nämlich bis auf einen oder mehrere Parameter.

Die Aufgabe besteht nun darin, den oder die Parameter θ der Verteilungsfunktion F_X mithilfe einer geeigneten **Schätzfunktion** näherungsweise zu bestimmen, etwa wie in Beispiel 7.1 den Erwartungswert $\theta = E(X)$ oder die Varianz $\theta = \text{Var}(X)$ der Mietausgaben.

Da das Ergebnis einer solchen Schätzung von den beobachteten Zufallsgrößen $X_1, X_2, \ldots, X_n$ abhängt, ist es selbst zufällig;

es bildet eine Zufallsgröße, die **Schätzer** genannt und mit $\hat{\theta}$ bezeichnet wird. Als Zufallsgröße hat ein Schätzer Erwartungswert und Varianz. Der Erwartungswert $E(\hat{\theta})$ gibt einen (bei wiederholter Schätzung) im Mittel erzielbaren Schätzwert an; die Varianz $\text{Var}(\hat{\theta})$ des Schätzers stellt ein Maß für seine Genauigkeit dar.

Erwartungstreue eines Schätzers

> **Definition**
>
> Sei θ ein Parameter der Verteilungsfunktion F_X und $\hat{\theta}$ ein Schätzer für θ. Der Schätzer $\hat{\theta}$ heißt **erwartungstreu** oder **unverzerrt**, wenn sein Erwartungswert mit dem Parameter θ übereinstimmt:
>
> $$E(\hat{\theta}) = \theta.$$
>
> Ein erwartungstreuer Schätzer streut also gleichmäßig um den unbekannten Wert des Parameters.
>
> Ist der Schätzer *nicht* erwartungstreu, spricht man von einem *verzerrten* Schätzer. Die erwartete Abweichung vom wahren Wert heißt **Verzerrung** oder **Bias**:
>
> $$\text{Bias}(\hat{\theta}) = E(\hat{\theta}) - \theta.$$

Einen Erwartungswert $E(X)$ schätzt man im Allgemeinen durch das **Stichprobenmittel**:

$$\overline{X} = \frac{1}{n}\sum_{i=1}^{n} X_i, \quad (7.1)$$

eine Varianz $\text{Var}(X)$ durch die **empirische Varianz**:

$$S_X^2 = \frac{1}{n}\sum_{i=1}^{n}(X_i - \overline{X})^2 \quad (7.2)$$

bzw. die **korrigierte empirische Varianz**:

$$S_X^{*2} = \frac{1}{n-1}\sum_{i=1}^{n}(X_i - \overline{X})^2. \quad (7.3)$$

Wir untersuchen diese Schätzer auf Erwartungstreue. Alle X_i der Stichprobe haben dieselbe Verteilung, also auch denselben Erwartungswert und dieselbe Varianz:

$$E(X_i) = \mu, \quad \text{Var}(X_i) = \sigma^2.$$

Damit gilt für den Erwartungswert des Stichprobenmittels

$$E(\overline{X}) = E\left(\frac{1}{n}\sum_{i=1}^{n} X_i\right) = \frac{1}{n}\sum_{i=1}^{n}\underbrace{E(X_i)}_{\mu} = \frac{1}{n}\cdot n\cdot\mu = \mu. \quad (7.4)$$

Wir haben gezeigt: Das **Stichprobenmittel**

$$\overline{X}_n = \frac{1}{n}\sum_{i=1}^{n} X_i$$

ist ein **erwartungstreuer** Schätzer.

Die Varianz des Stichprobenmittels beträgt

$$\text{Var}(\overline{X}) = \text{Var}\left(\frac{1}{n}\sum_{i=1}^{n} X_i\right) = \text{Var}\left(\sum_{i=1}^{n}\frac{1}{n} X_i\right).$$

Da die $\frac{1}{n}X_i$ unabhängige Zufallsgrößen sind, ist die Varianz ihrer Summe gleich der Summe der Varianzen, und es folgt

$$\text{Var}(\overline{X}) = \sum_{i=1}^{n}\text{Var}\left(\frac{1}{n} X_i\right) = \sum_{i=1}^{n}\frac{1}{n^2}\underbrace{\text{Var}(X_i)}_{\sigma^2}$$
$$= \frac{1}{n^2}\cdot n\cdot\sigma^2 = \frac{\sigma^2}{n}. \quad (7.5)$$

Dabei verwenden wir, dass $\text{Var}(X_i) = \sigma^2$ für alle $i = 1,\ldots,n$ und $\text{Var}(\frac{1}{n}X) = (\frac{1}{n})^2 \text{Var}(X)$ ist.

Je größer n, desto genauer ist die Schätzung, da die Varianz des Schätzers immer kleiner wird und mit $n\to\infty$ gegen 0 konvergiert.

Untersuchen wir nun die empirische Varianz auf Erwartungstreue:

$$S_X^2 = \frac{1}{n}\sum_{i=1}^{n}(X_i - \overline{X})^2 = \frac{1}{n}\sum_{i=1}^{n} X_i^2 - \overline{X}^2,$$

$$E(S_X^2) = E\left(\frac{1}{n}\sum_{i=1}^{n} X_i^2 - \overline{X}^2\right) = \frac{1}{n}\sum_{i=1}^{n} E(X_i^2) - E(\overline{X}^2).$$

Allgemein gilt

$E(aX + Y) = aE(X) + E(Y)$ für Zufallsgrößen X und Y und eine beliebige reelle Zahl a.

Für die Zufallsgröße X_i erhalten wir

$$\text{Var}(X_i) = \sigma^2 = E(X_i^2) - [E(X_i)]^2 = E(X_i^2) - \mu^2,$$

woraus folgt:

$$E(X_i^2) = \sigma^2 + \mu^2.$$

Für die Zufallsgröße $\overline{X}$ gilt entsprechend

$$\text{Var}(\overline{X}) = E(\overline{X}^2) - [E(\overline{X})]^2.$$

Damit ist $\text{Var}(\overline{X}) = \frac{\sigma^2}{n} = E(\overline{X}^2) - \mu^2$, also $E(\overline{X}^2) = \frac{\sigma^2}{n} + \mu^2$.

Setzen wir nun $E(X_i^2) = \sigma^2 + \mu^2$ und $E(\overline{X}^2) = \frac{\sigma^2}{n} + \mu^2$ in den Erwartungswert der empirischen Varianz ein, so erhalten wir

$$E(S_X^2) = \frac{1}{n} \sum_{i=1}^{n} \underbrace{E(X_i^2)}_{\sigma^2 + \mu^2} - \underbrace{E(\overline{X}^2)}_{\frac{\sigma^2}{n} + \mu^2}$$
$$= \frac{1}{n} \cdot n(\sigma^2 + \mu^2) - \left(\frac{\sigma^2}{n} + \mu^2\right),$$
$$E(S_X^2) = \sigma^2 + \mu^2 - \frac{\sigma^2}{n} - \mu^2 = \sigma^2 \cdot \frac{n-1}{n} \neq \sigma^2.$$

Wir sehen also, dass die **empirische Varianz** S_X^2 **nicht erwartungstreu** ist.

Da aber $E\left(\frac{n}{n-1} \cdot S_X^2\right) = \frac{n}{n-1} \cdot E(S_X^2) = \sigma^2$ ist, brauchen wir S_X^2 nur mit $\frac{n}{n-1}$ zu multiplizieren, um einen erwartungstreuen Schätzer zu erhalten, nämlich die **korrigierte empirische Varianz**:

$$S_X^{*2} = \frac{n}{n-1} S_X^2 = \frac{n}{n-1} \left(\frac{1}{n} \sum_{i=1}^{n} (X_i - \overline{X})^2\right) \quad (7.6)$$
$$= \frac{1}{n-1} \sum_{i=1}^{n} (X_i - \overline{X})^2.$$

Merke: Wenn die Zufallsgrößen X_i normalverteilt sind, also $X_i \sim N(\mu, \sigma^2)$, dann ist auch der Schätzer $\overline{X}$ normalverteilt mit $\overline{X} \sim N\left(\mu, \frac{\sigma^2}{n}\right)$. Für andere Verteilungen folgt aus dem zentralen Grenzwertsatz, dass sich die Verteilung des Schätzers $\overline{X}$ *asymptotisch* (mit $n \to \infty$) der Normalverteilung $N\left(\mu, \frac{\sigma^2}{n}\right)$ annähert.

Zur Erinnerung: Nach dem zentralen Grenzwertsatz gilt für $Y_n = \sum_{i=1}^{n} X_i$ und hinreichend große n

$$Y_n \overset{\text{appr.}}{\sim} N(n\mu, n\sigma^2).$$

Wegen

$$\overline{X} = \frac{1}{n} \sum_{i=1}^{n} X_i = \frac{1}{n} Y_n$$

ist deshalb

$$\overline{X} \overset{\text{appr.}}{\sim} N\left(E(\overline{X}), \text{Var}(\overline{X})\right) = N\left(\mu, \frac{\sigma^2}{n}\right).$$

B 7.2 Glühbirnen

Die Lebensdauer X einer bestimmten Sorte von Glühbirnen werde durch eine Exponentialverteilung beschrieben:

- Dichte $f(x) = \lambda e^{-\lambda x}, x \geq 0, \lambda > 0,$
- Erwartungswert $E(X) = \frac{1}{\lambda}$,
- Varianz $\text{Var}(X) = \frac{1}{\lambda^2}$.

Speziell gelte $\lambda = 0,5 \left[\text{Jahre}^{-1}\right]$, d. h. $E(X) = 2$ [Jahre].

Frage: Welche Verteilung hat der Schätzer $\overline{X}$ aus einer Stichprobe der Länge n?

Lösung:

$$\mu = E(X) = \frac{1}{\lambda} = 2, \sigma^2 = \text{Var}(X) = \frac{1}{\lambda^2} = 4,$$
$$\overline{X}_n \overset{\text{appr.}}{\sim} N\left(\mu, \frac{\sigma^2}{n}\right) = N\left(\frac{1}{\lambda}, \frac{1}{n \cdot \lambda^2}\right)$$
$$= N\left(2, \frac{4}{n}\right).$$

$\overline{X}$ ist näherungsweise normalverteilt mit Erwartungswert 2 und Varianz $4/n$. ◂

Konsistenz eines Schätzers

Ein sinnvoller Schätzer muss mit wachsendem Stichprobenumfang genauer werden und sich dem zu schätzenden Parameter immer besser nähern. Dies wird durch den Begriff der Konsistenz ausgedrückt.

Ein Schätzer $\hat{\theta}_n$ für θ heißt **konsistent**, wenn für jede gegebene Zahl $\varepsilon > 0$ gilt:

$$\lim_{n \to \infty} P\left[\left|\hat{\theta}_n - \theta\right| \leq \varepsilon\right] = 1.$$

Bei großem Stichprobenumfang ist es dann für jede vorgegebene Messgenauigkeit ε fast sicher, dass sich der Schätzer $\hat{\theta}_n$ vom unbekannten Parameter θ um höchstens ε unterscheidet. Genauer: Mit wachsendem Stichprobenumfang konvergiert die Wahrscheinlichkeit dafür gegen 1. Man nennt diese Konvergenz auch **Konvergenz nach Wahrscheinlichkeit**.

Achtung Bei Konsistenz und genügend großer Stichprobe kann man für praktische Zwecke den *geschätzten Wert* mit dem *wahren Parameterwert* gleichsetzen. ◂

Ein Schätzer ist immer dann konsistent, wenn seine Varianz gegen 0 konvergiert und sein Erwartungswert gegen den zu schätzenden Parameter geht, der Schätzer also zumindest **asymptotisch erwartungstreu** ist.

So ist z. B. der obige Schätzer $\overline{X}$ für den Erwartungswert μ konsistent, da er bereits für jedes endliche n erwartungstreu ist und seine Varianz σ^2/n für $n \to \infty$ gegen 0 konvergiert.

7.3 Schätzung einer Wahrscheinlichkeit

Wir wollen die Wahrscheinlichkeit p eines bestimmten Ereignisses schätzen. Auf sein Eintreten führen wir eine Bernoulli-Versuchsreihe durch, die aus n unabhängigen Versuchen besteht. Dabei beobachten wir, wie oft das Ereignis insgesamt auftritt, d. h., wir messen die **absolute Häufigkeit** H_n.

Diese absolute Häufigkeit ist eine binomialverteilte Zufallsgröße; $H_n \sim B(n,p)$.

Die **relative Häufigkeit** $\hat{p} = \frac{H_n}{n}$ ist ein **Schätzer** für p.

B 7.3 Münze

Uns interessiert die Wahrscheinlichkeit p des Ereignisses „Zahl" beim Wurf einer bestimmten Münze. Um p zu schätzen, werfen wir die Münze 100-mal.

48-mal liege die Zahl oben. Damit ist $H_{100} = 48$ und die relative Häufigkeit $H_{100}/100 = 0{,}48$. Das unbekannte p wird durch den Wert $\hat{p} = 0{,}48$ geschätzt. ◂

Erwartungswert und Varianz von H_n und $\hat{p}$ ergeben sich wie folgt:

$$\hat{p} = \frac{H_n}{n} = \frac{1}{n}\sum_{i=1}^{n} X_i,$$

$$E(H_n) = n \cdot p, \quad \text{Var}(H_n) = n \cdot p \cdot (1-p),$$

da $H_n \sim B(n,p)$.

$$E(\hat{p}) = E\left(\frac{H_n}{n}\right) = \frac{1}{n}E(H_n) = \frac{1}{n} n \cdot p = p.$$

Der Schätzer $\hat{p}$ ist **erwartungstreu**.

$$\text{Var}(\hat{p}) = \text{Var}\left(\frac{H_n}{n}\right) = \frac{1}{n^2}\text{Var}(H_n)$$
$$= \frac{n \cdot p \cdot (1-p)}{n^2} = \frac{p \cdot (1-p)}{n}.$$

Für große n besitzt H_n näherungsweise eine Normalverteilung. Dann ist auch der Schätzer $\hat{p}$ näherungsweise normalverteilt, und zwar mit den Parametern $E(\hat{p}) = p$ und $\text{Var}(\hat{p}) = p \cdot (1-p)/n$.

Approximativ gilt

$$\hat{p} \sim N\left(p, \frac{p(1-p)}{n}\right).$$

7.4 Schätzer für spezielle Verteilungen

Normalverteilung mit den Parametern μ und σ^2

Sei $X_i \sim N(\mu, \sigma^2)$, habe also die Dichte

$$f(x) = \frac{1}{\sqrt{2\pi} \cdot \sigma} e^{-\frac{1}{2}\left(\frac{x-\mu}{\sigma}\right)^2}.$$

Den Erwartungswert μ einer Normalverteilung schätzt man erwartungstreu und konsistent mit dem Stichprobenmittel:

$$\hat{\mu} = \overline{X} = \frac{1}{n}\sum_{i=1}^{n} X_i. \tag{7.7}$$

Die Varianz σ^2 einer Normalverteilung wird erwartungstreu und konsistent durch die korrigierte Stichprobenvarianz geschätzt:

$$\hat{\sigma}^2 = S^{*2} = \frac{1}{n-1}\sum_{i=1}^{n}\left(X_i - \overline{X}\right)^2. \tag{7.8}$$

Diese Schätzer für Erwartungswert und Varianz gelten nicht nur bei Normalverteilung, sondern auch bei jedem anderen Modell der Datenerzeugung.

Exponentialverteilung mit dem Parameter λ

Sei $X_i \sim \text{Exp}(\lambda)$. Die Dichte ist $f(x) = \lambda e^{-\lambda x}$, $x \geq 0$, $\lambda > 0$.

Da $E(X) = 1/\lambda$ gilt, verwendet man, um λ zu schätzen, das Reziproke des Schätzers für $E(X)$, also

$$\hat{\lambda} = \frac{1}{\overline{X}} = \frac{n}{\sum_{i=1}^{n} X_i}. \tag{7.9}$$

Der Schätzer $\hat{\lambda}$ ist konsistent, aber nicht erwartungstreu.

B 7.4 Telefongespräch

Wir nehmen an, dass die Gesprächsdauer eines Telefongesprächs zufällig ist und dem Wahrscheinlichkeitsmodell einer Exponentialverteilung folgt. Es wurden die Gesprächsdauern (in Sekunden) von sechs Gesprächen beobachtet: 10, 208, 38, 347, 1362, 93.

Daraus erhalten wir als Wert des Schätzers $\hat{\lambda}$:

$$\hat{\lambda} = \frac{6}{2058} \approx 0{,}003. \quad \blacktriangleleft$$

Poisson-Verteilung mit dem Parameter λ

Sei $X_i \sim Po(\lambda)$, also $P(X_i = k) = \frac{\lambda^k}{k!} e^{-\lambda}$.

Da der Parameter λ gleich dem Erwartungswert ist, schätzt man ihn (erwartungstreu und konsistent) mit dem Stichprobenmittel:

$$\hat{\lambda} = \overline{X} = \frac{1}{n}\sum_{i=1}^{n} X_i. \tag{7.10}$$

Binomialverteilung mit $n = 1$ und dem Parameter p

Sei $X_i \sim B(1, p)$, also $P(X_i = 1) = p$, $P(X_i = 0) = 1 - p$.

Wegen $E(X_i) = p$ wird der Parameter p (erwartungstreu und konsistent) durch das Stichprobenmittel, das ist gleich der relativen Häufigkeit, geschätzt:

$$\hat{p} = \frac{1}{n}\sum_{i=1}^{n} X_i = \frac{1}{n} H_n. \tag{7.11}$$

7.5 Intervallschätzung

Bei der Punktschätzung wird mithilfe einer Schätzfunktion eine Zahl als Schätzwert des unbekannten Parameters ermittelt bzw., wenn mehrere Parameter zu schätzen sind (wie μ und σ bei Normalverteilung), je eine Zahl. Eine solche Schätzung liegt zwar „in der Nähe" des unbekannten, zu schätzenden Parameters, trifft ihn aber praktisch nie exakt. Bei der Intervallschätzung wird dagegen aus den Stichprobendaten eine untere Grenze $\hat{\theta}_u$ und eine obere Grenze $\hat{\theta}_o$ für den unbekannten Parameter θ bestimmt, sodass mit hoher Wahrscheinlichkeit gilt:

$$\hat{\theta}_u \leq \theta \leq \hat{\theta}_o.$$

Das **Konfidenzintervall** $\left[\hat{\theta}_u, \hat{\theta}_o\right]$ wird dabei so berechnet, dass es den wahren Wert des Parameters mit einer vorgegebenen Wahrscheinlichkeit γ überdeckt:

$$P\left(\hat{\theta}_u \leq \theta \leq \hat{\theta}_o\right) = \gamma.$$

Die Wahrscheinlichkeit γ bezeichnet man als **Konfidenzniveau** oder **Vertrauensniveau**. Dann ist $\alpha = 1 - \gamma$ die **Irrtumswahrscheinlichkeit**, dass das Intervall den Parameter NICHT überdeckt. Für α wird typischerweise, je nach Anwendung, ein Wert von 10 %, 5 % oder 1 % gewählt; entsprechend ist $\gamma = 0{,}90, 0{,}95$ oder $0{,}99$.

7.6 Konfidenzintervall für einen Erwartungswert bei bekannter Varianz

Die Verteilung einer Zufallsgröße X sei unbekannt. Auf Basis einer Stichprobe aus X soll der Erwartungswert $\mu = E(X)$ durch ein Konfidenzintervall geschätzt werden. Ein guter Punktschätzer für μ ist bekanntlich $\overline{X}$.

Normalverteilung mit bekannter Varianz σ^2

Zunächst betrachten wir eine normalverteilte Stichprobe:

$$X_i \sim N\left(\mu, \sigma^2\right).$$

Wir wissen bereits, dass dann der Schätzer $\overline{X}$ als Summe normalverteilter Größen ebenfalls eine Normalverteilung besitzt:

$$\overline{X} \sim N\left(\mu, \sigma^2/n\right).$$

Da die Normalverteilung symmetrisch zu μ ist, konstruieren wir ein Konfidenzintervall, das den Punktschätzer $\overline{X}$ als Mittelpunkt hat (Abb. 7.1). Die Wahrscheinlichkeit, dass es μ überdeckt, soll

$$P\left(\overline{X} - c \leq \mu \leq \overline{X} + c\right) = 1 - \alpha$$

betragen. In Abhängigkeit von der vorgegebenen Überdeckungswahrscheinlichkeit $\gamma = 1 - \alpha$ ist der „Radius" c des Konfidenzintervalls zu bestimmen.

Dazu wird der allgemein normalverteilte Schätzer $\overline{X}$ zu einer standard-normalverteilten Größe Y standardisiert (Abb. 7.2):

$$Y = \frac{\overline{X} - E\left(\overline{X}\right)}{\sqrt{\operatorname{Var}\left(\overline{X}\right)}} = \frac{\overline{X} - \mu}{\sigma} \cdot \sqrt{n} \sim N(0, 1).$$

Sei q das $(1-\alpha/2)$-Quantil der Standard-Normalverteilung: $q = u_{1-\alpha/2}$. Es gilt $\Phi(q) = 1 - \alpha/2$ und

$$P\left(-q \leq \underbrace{\frac{\overline{X} - \mu}{\sigma}\sqrt{n}}_{Y} \leq q\right) = P(-q \leq Y \leq q),$$

$$= \Phi(q) - \Phi(-q) = 2\Phi(q) - 1 = 1 - \alpha.$$

Zur Erinnerung: $\Phi(q)$ ist die Verteilungsfunktion der standardisierten Normalverteilung (siehe Tab. B.3 im Anhang), und es gilt $\Phi(-q) = 1 - \Phi(q)$.

Umformungen innerhalb der Intervallwahrscheinlichkeit ergeben:

$$1 - \alpha = P\left(-q\frac{\sigma}{\sqrt{n}} \leq \underbrace{\overline{X} - \mu}_{Z} \leq q\frac{\sigma}{\sqrt{n}}\right)$$

$$= P\left(-q\frac{\sigma}{\sqrt{n}} - \overline{X} \leq -\mu \leq q\frac{\sigma}{\sqrt{n}} - \overline{X}\right)$$

$$= P\left(\overline{X} - q\frac{\sigma}{\sqrt{n}} \leq \mu \leq \overline{X} + q\frac{\sigma}{\sqrt{n}}\right).$$

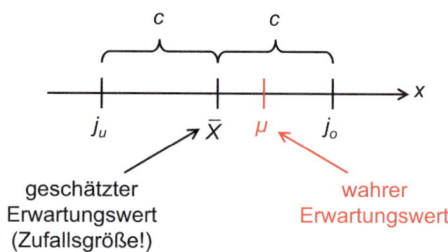

Abb. 7.1 Konfidenzintervall für μ bei bekanntem σ^2

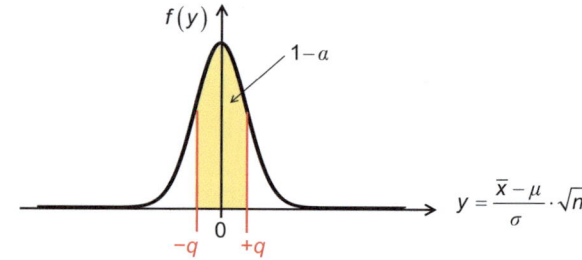

Abb. 7.2 Verteilungsdichte des standardisierten Stichprobenmittels

Um ein Konfidenzintervall J zum gegebenen Niveau $1-\alpha$ zu bestimmen, benötigen wir also das Quantil $q = u_{1-\alpha/2}$ der Standard-Normalverteilung. Das Intervall lautet dann

$$J = [j_u, j_o] = [\overline{X}_n - c, \overline{X}_n + c] \quad \text{mit} \quad c = u_{1-\alpha/2}\frac{\sigma}{\sqrt{n}}, \quad \text{d.h.}$$

$$J = \left[\overline{X} - u_{1-\alpha/2}\frac{\sigma}{\sqrt{n}}, \overline{X} + u_{1-\alpha/2}\frac{\sigma}{\sqrt{n}}\right].$$

Es gilt

$$P\left(\overline{X} - u_{1-\alpha/2}\frac{\sigma}{\sqrt{n}} \leq \mu \leq \overline{X} + u_{1-\alpha/2}\frac{\sigma}{\sqrt{n}}\right) = 1 - \alpha. \quad (7.12)$$

Die Länge des Konfidenzintervalls beträgt

$$2 \cdot c = 2 \cdot u_{1-\alpha/2}\frac{\sigma}{\sqrt{n}}.$$

Man sieht, dass mit wachsender Stichprobenlänge n das Konfidenzintervall schmaler wird; es liegt dann mehr Information vor, was die Genauigkeit der Schätzung verbessert.

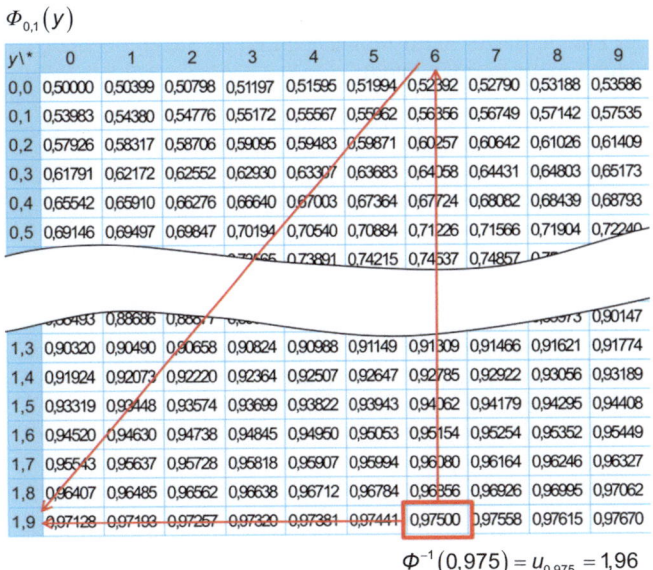

Abb. 7.3 Auszug aus der Tabelle der Standard-Normalverteilung

B 7.5 Konfidenzintervall für ein mittleres Gewicht

Ein Schokoladenhersteller liefert Osterhasen an einen Supermarkt. Das Sollgewicht eines Hasen beträgt 250 g. Auf Basis früherer Erfahrungen wird unterstellt, dass das tatsächliche Gewicht normalverteilt ist und eine Standardabweichung $\sigma = 6$ [g] aufweist.

Aufgabe: Eine Stichprobe von 100 Osterhasen ergab ein Durchschnittsgewicht von 248 g. Bestimmen Sie für das mittlere Gewicht eines Hasen ein Konfidenzintervall zum Niveau 0,95.

Lösung: Die Zufallsgröße X bezeichne das Gewicht eines Hasen, und $x_1, x_2, \ldots, x_{100}$ die in der Stichprobe beobachteten Werte. Das Konfidenzintervall hat allgemein die Grenzen

$$\overline{X} \mp u_{1-\alpha/2}\frac{\sigma}{\sqrt{n}}.$$

Aufgrund der Stichprobe berechnen wir das **konkrete Konfidenzintervall**, wobei wir $u_{0,975}$ aus der Tabelle der standardisierten Normalverteilung ermitteln (Abb. 7.3):

$n = 100$, $\overline{x} = 248$, $\sigma = 6$, $\gamma = 1 - \alpha = 0{,}95$,

$q = u_{1-\alpha/2} = u_{0,975} = 1{,}96$,

$$248 - 1{,}96 \underbrace{\frac{6}{\sqrt{100}}}_{1,176} \leq \mu \leq 248 + 1{,}96 \underbrace{\frac{6}{\sqrt{100}}}_{1,176},$$

$246{,}82 \leq \mu \leq 249{,}18.$

Achtung Das Konfidenzintervall hat Zufallsgrößen als Grenzen; es überdeckt den Parameter mit Wahrscheinlichkeit γ. Das konkrete Konfidenzintervall ist der Wert des Konfidenzintervalls auf Basis der Stichprobe; es hat Zahlen als Grenzen. Das konkrete Intervall kennt keine Wahrscheinlichkeiten, entweder überdeckt es den Parameter oder nicht.

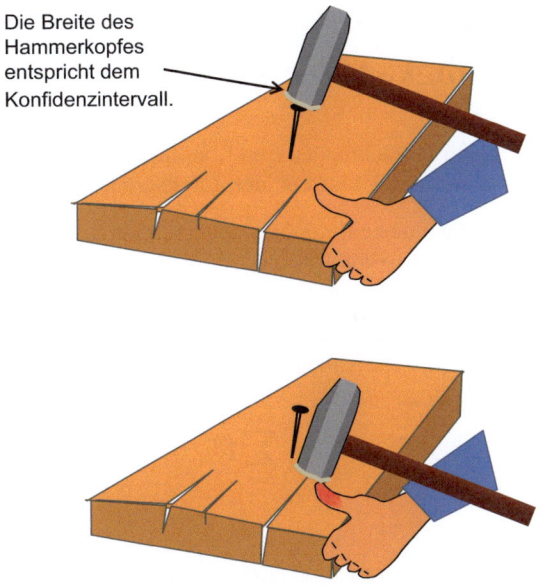

Abb. 7.4 Wie beim Hämmern kann auch ein Konfidenzschätzer danebengehen!

Anschaulich: Man stelle sich vor, der Parameter sei ein einzuschlagender Nagel, das Konfidenzintervall der Hammer vor dem Zuschlagen. Das konkrete Konfidenzintervall entspricht dann der Position des Hammers nach dem Schlag (Abb. 7.4).

Allgemeine Verteilung mit bekannter Varianz σ^2

Seien die X_i der Stichprobe beliebig verteilt und ihre Varianz σ^2 bekannt. Gesucht ist wieder ein Konfidenzschätzer für den Erwartungswert $\mu = E(X)$. Nach dem zentralen Grenzwertsatz ist der Punktschätzer $\overline{X}$ für hinreichend große Stichprobenlänge n approximativ normalverteilt:

$$\overline{X} \overset{\text{appr.}}{\sim} N\left(\mu, \sigma^2/n\right).$$

Damit gilt dasselbe Konfidenzintervall

$$J = \left[\overline{X} - u_{1-\alpha/2}\frac{\sigma}{\sqrt{n}},\ \overline{X} + u_{1-\alpha/2}\frac{\sigma}{\sqrt{n}}\right],$$

das wir für eine normalverteilte Stichprobe hergeleitet haben, näherungsweise auch für die beliebig verteilte Stichprobe. Es gilt

$$P(\mu \in J) = P\left(\overline{X} - u_{1-\alpha/2}\frac{\sigma}{\sqrt{n}} \leq \mu \leq \overline{X} + u_{1-\alpha/2}\frac{\sigma}{\sqrt{n}}\right)$$
$$\approx 1 - \alpha.$$

7.7 Konfidenzintervall für einen Erwartungswert bei unbekannter Varianz

Die bisherigen Betrachtungen zum Konfidenzintervall für μ setzen voraus, dass die Varianz σ^2 der Zufallsgröße X bekannt ist.

Konstruieren wir nun ein Konfidenzintervall für μ, wenn die Zufallsgröße X normalverteilt ist und die Varianz σ^2 *nicht* bekannt ist.

In diesem Fall ersetzen wir die unbekannte Varianz σ^2 durch die korrigierte empirische Varianz:

$$S_X^{*2} = \frac{1}{n-1}\sum_{i=1}^{n}\left(X_i - \overline{X}\right)^2.$$

Es gilt somit

$$Y = \frac{\overline{X} - \mu}{S_X^*} \cdot \sqrt{n}.$$

Allerdings ist die Zufallsgröße Y nun nicht mehr standard-normalverteilt, sondern Student-verteilt.

Die **Student-Verteilung** heißt auch ***t*-Verteilung** und wird mit t_r abgekürzt; der Parameter wird r als „Anzahl der Freiheitsgrade" bezeichnet. Die t-Verteilung wurde von William S. Gosset (1876–1937) eingeführt, der damit Probleme des Bierbrauens behandelte (Abb. 7.5). Ihre Dichte ist glockenförmig und symmetrisch zu 0 wie die der Standard-Normalverteilung. Allerdings weist die Student-Verteilung an den Flanken mehr Masse auf. Je größer die Anzahl der Freiheitsgrade r ist, umso mehr ähnelt sie der Standard-Normalverteilung (Abb. 7.6). Das p-Quantil der t_r-Verteilung wird mit $t_{r,p}$ notiert.

Abb. 7.5 William S. Gosset entwickelt die Student-Verteilung

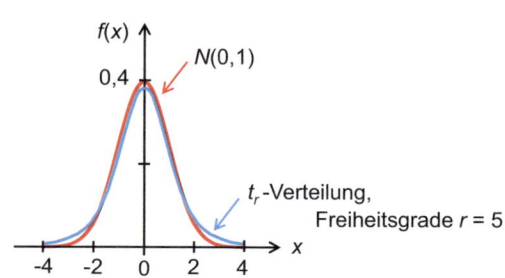

Abb. 7.6 Student-Verteilung und Standard-Normalverteilung

Für die obige normalverteilte Stichprobe der Länge n ist die Testgröße Y Student-verteilt mit $n-1$ Freiheitsgraden: $Y \sim t_{n-1}$.

Achtung Die Anzahl der Freiheitsgrade ist gleich der Stichprobenlänge minus eins. ◂

In der oben (bei bekannter Varianz σ^2) hergeleiteten Wahrscheinlichkeitsaussage (7.12)

$$P\left(\overline{X} - u_{1-\alpha/2}\frac{\sigma}{\sqrt{n}} \leq \mu \leq \overline{X} + u_{1-\alpha/2}\frac{\sigma}{\sqrt{n}}\right) = 1 - \alpha$$

ersetzen wir nun σ durch S_X^*, das Quantil der Normalverteilung $u_{1-\alpha/2}$ durch das Quantil $t_{n-1,1-\alpha/2}$ der t_{n-1}-Verteilung und erhalten die entsprechende Aussage bei unbekannter Varianz:

$$P\left(\overline{X} - t_{n-1,1-\alpha/2}\cdot\frac{S_X^*}{\sqrt{n}} \leq \mu \leq \overline{X} + t_{n-1,1-\alpha/2}\cdot\frac{S_X^*}{\sqrt{n}}\right) = 1 - \alpha.$$
(7.13)

Die Student-Verteilung ist tabelliert; die Quantile können der Tabelle entnommen werden (siehe Tab. B.4 in Anhang B).

$t_{r,p}$

r	0,75	0,875	0,90	0,95	0,975	0,99	0,995	0,999
1	1,000	2,414	3,078	6,314	12,706	31,821	63,657	318,309
2	0,816	1,604	1,886	2,920	4,303	6,965	9,925	22,327
3	0,765	1,423	1,638	2,353	3,182	4,541	5,841	10,215
4	0,741	1,344	1,533	2,132	2,776	3,747	4,604	7,173
5	0,727	1,301	1,476	2,015	2,571	3,365	4,032	5,893
6	0,718	1,273	1,440	1,943	2,447	3,143	3,707	5,208
7	0,711	1,254	1,415	1,895	2,365	2,998	3,499	4,785
8	0,706	1,240	1,397	1,860	2,306	2,896	3,355	4,501
9	0,703	1,230	1,383	1,833	2,262	2,821	3,250	4,297
10	0,700	1,221	1,372	1,812	2,228	2,764	3,169	4,144
11	0,697	1,214	1,363	1,796	2,201	2,718	3,106	4,025
12	0,695	1,209	1,356	1,782	2,179	2,681	3,055	3,930
13	0,694	1,204	1,350	1,771	2,160	2,650	3,012	3,852
14	0,692	1,200	1,345	1,761	2,145	2,624	2,977	3,787
15	0,691	1,197	1,341	1,753	2,131	2,602	2,947	3,733
16	0,690	1,194	1,337	1,746	2,120	2,583	2,921	3,686
17	0,689	1,191	1,333	1,740	2,110	2,567	2,898	3,646
18	0,688	1,189	1,330	1,734	2,101	2,552	2,878	3,610
19	0,688	1,187	1,328	1,729	2,093	2,539	2,861	3,579
20	0,687	1,185	1,325	1,725	2,086	2,528	2,845	3,552

Abb. 7.7 Quantile der Student-Verteilung

B 7.6 Bäckerei (1)

Bei einer Qualitätskontrolle in einer Bäckerei werden 20 Brote gewogen. Es werden ein mittleres Gewicht von 1015 g und eine korrigierte empirische Standardabweichung von 54 g ermittelt.

Aufgabe: Bestimmen Sie ein Konfidenzintervall für den Erwartungswert μ des Gewichtes zum Niveau 0,95.

Lösung:

$n = 20; \quad \overline{X} = 1015; \quad S_X^* = 54; \quad \gamma = 1 - \alpha = 0{,}95.$

Das Quantil der Student-Verteilung $t_{19;0,975}$ entnehmen wir Abb. 7.7 (rot umrandetes Feld): $t_{n-1;1-\alpha/2} = t_{19;0,975} = 2{,}093.$

Eingesetzt in das Konfidenzintervall

$$\overline{X} - \left(t_{n-1,1-\alpha/2}\right) \cdot \frac{S_X^*}{\sqrt{n}} \leq \mu \leq \overline{X} + \left(t_{n-1,1-\alpha/2}\right) \cdot \frac{S_X^*}{\sqrt{n}}$$

erhalten wir den Wert des Konfidenzintervalls:

$$1015 - 2{,}093 \cdot \frac{54}{\sqrt{20}} \leq \mu \leq 1015 + 2{,}093 \cdot \frac{54}{\sqrt{20}},$$
$$989{,}73 \leq \mu \leq 1040{,}3,$$
$$J = [989{,}73; 1040{,}3]. \quad \blacktriangleleft$$

7.8 Konfidenzintervall für die Varianz einer Normalverteilung

Auch für die Varianz σ^2 einer Normalverteilung lässt sich ein Konfidenzintervall konstruieren. Dafür benötigen wir eine weitere spezielle Wahrscheinlichkeitsverteilung, die Chi-Quadrat-Verteilung χ_r^2.

Die Chi-Quadrat-Verteilung ist wie folgt definiert: Wenn $U_1, U_2, \ldots, U_r$ unabhängige standard-normalverteilte Zufallsgrößen sind, also $U_i \sim N(0,1)$, dann besitzt

$$Q = \sum_{j=1}^{r} U_j^2$$

eine **Chi-Quadrat-Verteilung mit r Freiheitsgraden**. Sie nimmt beliebig große, aber nur positive Werte an; ihre Dichte ist nicht symmetrisch (Abb. 7.8).

Wenn $X_1, X_2, \ldots, X_n$ normalverteilte Zufallsgrößen sind, $X_i \sim N(\mu, \sigma^2)$, so sind die zentrierten Zufallsgrößen $Y_i = \frac{X_i - \mu}{\sigma}$ standard-normalverteilt, also $Y_i \sim N(0,1)$.

Somit gilt gemäß der Definition der Chi-Quadrat-Verteilung

$$\sum_{i=1}^{n} Y_i^2 = \sum_{i=1}^{n} \left(\frac{X_i - \mu}{\sigma}\right)^2 \sim \chi_n^2. \quad (7.14)$$

Andererseits ist

$$S_X^{*2} = \frac{1}{n-1} \sum_{i=1}^{n} (X_i - \overline{X})^2$$

und folglich

$$\frac{(n-1) \cdot S_X^{*2}}{\sigma^2} = \sum_{i=1}^{n} \left(\frac{X_i - \overline{X}}{\sigma}\right)^2 \sim \chi_{n-1}^2. \quad (7.15)$$

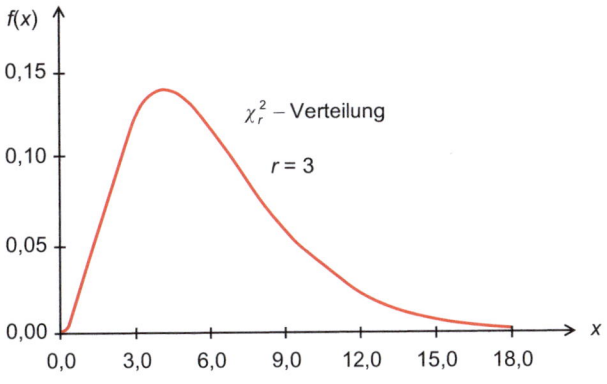

Abb. 7.8 Chi-Quadrat-Verteilung

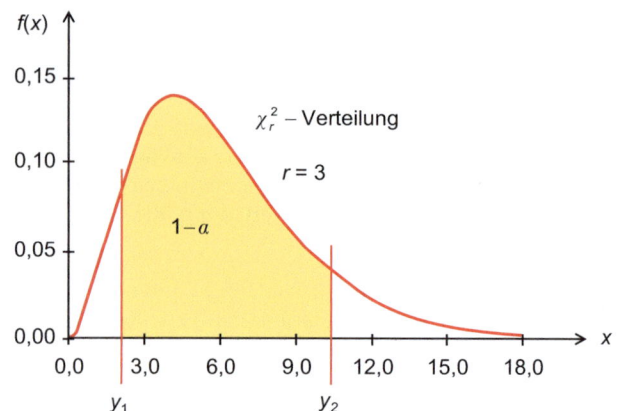

Abb. 7.9 Konfidenzintervall für die Varianz einer Normalverteilung

Achtung Da in (7.15) im Vergleich zu (7.14) der Parameter μ durch seinen Schätzer $\overline{X}$ ersetzt wurde, hat diese Verteilung nur den Freiheitsgrad $n-1$ anstelle n.

Damit ist die Wahrscheinlichkeit, dass die Zufallsgröße $Y = \frac{(n-1)\cdot S_X^{*2}}{\sigma^2}$ zwischen y_1 und y_2 liegt, gleich $1-\alpha$ (gelbe Fläche in Abb. 7.9), wobei $y_1 = \chi^2_{n-1;\alpha/2}$ und $y_2 = \chi^2_{n-1;1-\alpha/2}$ die entsprechenden Quantile der Chi-Quadrat-Verteilung sind. Ihre Werte werden den χ^2-Tabellen entnommen (siehe Tab. B.5 in Anhang B).

Man erhält

$$P\left(y_1 \leq \frac{(n-1)S_X^{*2}}{\sigma^2} \leq y_2\right)$$
$$= P\left(\chi^2_{n-1,\frac{\alpha}{2}} \leq \frac{(n-1)S_X^{*2}}{\sigma^2} \leq \chi^2_{n-1;1-\frac{\alpha}{2}}\right)$$
$$= 1-\alpha.$$

Wir können die Ungleichungen nun wieder umformen:

$$\chi^2_{n-1;\alpha/2} \leq \frac{(n-1)S_X^{*2}}{\sigma^2} \leq \chi^2_{n-1;1-\alpha/2},$$
$$\frac{1}{\chi^2_{n-1;\alpha/2}} \geq \frac{\sigma^2}{(n-1)S_X^{*2}} \geq \frac{1}{\chi^2_{n-1;1-\alpha/2}},$$
$$\frac{(n-1)S_X^{*2}}{\chi^2_{n-1;\alpha/2}} \geq \sigma^2 \geq \frac{(n-1)S_X^{*2}}{\chi^2_{n-1;1-\alpha/2}},$$
$$\frac{(n-1)S_X^{*2}}{\chi^2_{n-1;1-\alpha/2}} \leq \sigma^2 \leq \frac{(n-1)S_X^{*2}}{\chi^2_{n-1;\alpha/2}}.$$

Damit ist

$$P\left(\frac{(n-1)S_X^{*2}}{\chi^2_{n-1;1-\alpha/2}} \leq \sigma^2 \leq \frac{(n-1)S_X^{*2}}{\chi^2_{n-1;\alpha/2}}\right) = 1-\alpha, \quad (7.16)$$

und das Konfidenzintervall J für σ^2 lautet

$$J = \left[\frac{(n-1)S_n^{*2}}{\chi^2_{n-1;1-\alpha/2}}, \frac{(n-1)S_n^{*2}}{\chi^2_{n-1;\alpha/2}}\right].$$

Abb. 7.10 Quantile der Chi-Quadrat-Verteilung

$\chi^2_{r,p}$										
					p					
r	0,005	0,01	0,025	0,05	0,1	0,5	0,9	0,95	0,975	0,99	0,995
1	0,00	0,00	0,00	0,00	0,02	0,45	2,71	3,84	5,02	6,63	7,88
2	0,01	0,02	0,05	0,10	0,21	1,39	4,61	5,99	7,38	9,21	10,60
3	0,07	0,11	0,22	0,35	0,58	2,37	6,25	7,81	9,35	11,34	12,84
4	0,21	0,30	0,48	0,71	1,06	3,36	7,78	9,49	11,14	13,28	14,86
5	0,41	0,55	0,83	1,15	1,61	4,35	9,24	11,07	12,83	15,09	16,75
6	0,68	0,87	1,24	1,64	2,20	5,35	10,64	12,59	14,45	16,81	18,55
7	0,99	1,24	1,69	2,17	2,83	6,35	12,02	14,07	16,01	18,48	20,28
8	1,34	1,65	2,18	2,73	3,49	7,34	13,36	15,51	17,53	20,09	21,95
9	1,73	2,09	2,70	3,33	4,17	8,34	14,68	16,92	19,02	21,67	23,59
10	2,16	2,56	3,25	3,94	4,87	9,34	15,99	18,31	20,48	23,21	25,19
11	2,60	3,05	3,82	4,57	5,58	10,34	17,28	19,68	21,92	24,73	26,76
12	3,07	3,57	4,40	5,23	6,30	11,34	18,55	21,03	23,34	26,22	28,30
13	3,57	4,11	5,01	5,89	7,04	12,34	19,81	22,36	24,74	27,69	29,82
14	4,07	4,66	5,63	6,57	7,79	13,34	21,06	23,68	26,12	29,14	31,32
15	4,60	5,23	6,26	7,26	8,55	14,34	22,31	25,00	27,49	30,58	32,80
16	5,14	5,81	6,91	7,96	9,31	15,34	23,54	26,30	28,85	32,00	34,27
17	5,70	6,41	7,56	8,67	10,09	16,34	24,77	27,59	30,19	33,41	35,72
18	6,26	7,01	8,23	9,39	10,86	17,34	25,99	28,87	31,53	34,81	37,16
19	6,84	7,63	8,91	10,12	11,65	18,34	27,20	30,14	32,85	36,19	38,58
20	7,43	8,26	9,59	10,85	12,44	19,34	28,41	31,41	34,17	37,57	40,00

Meist ist es anschaulicher, ein Konfidenzintervall für die Standardabweichung anzugeben. Aus (7.16) erhält man

$$P\left(\sqrt{\frac{(n-1)S_X^{*2}}{\chi^2_{n-1;1-\alpha/2}}} \leq \sigma \leq \sqrt{\frac{(n-1)S_X^{*2}}{\chi^2_{n-1;\alpha/2}}}\right) = 1-\alpha$$

als Konfidenzgrenzen für σ.

Beachte

Das Konfidenzintervall für die Varianz ist ein asymmetrisches Intervall (da die Chi-Quadrat-Verteilung asymmetrisch ist). Es hat *nicht* den Punktschätzer S_X^{*2} für σ^2 zum Mittelpunkt.

B 7.7 Bäckerei (2)

Aufgabe: Berechnen Sie ein Konfidenzintervall für die Standardabweichung des Gewichts zum Niveau 0,95.

Lösung:

$$n = 20; \quad \overline{X} = 1015; \quad S_X^{*2} = 54^2 = 2916;$$
$$\gamma = 1-\alpha = 0,95;$$
$$\chi^2_{n-1;1-\alpha/2} = \chi^2_{19;0,975} = 32,85$$

(blau umrandetes Feld in Abb. 7.10),

$$\chi^2_{n-1;\alpha/2} = \chi^2_{19;0,025} = 8,91$$

(rot umrandetes Feld in Abb. 7.10).

Das Konfidenzintervall

$$J = \left[\sqrt{\frac{(n-1)S_X^{*2}}{\chi^2_{n-1;1-\alpha/2}}}; \sqrt{\frac{(n-1)S_X^{*2}}{\chi^2_{n-1;\alpha/2}}}\right]$$

für σ hat hier den konkreten Wert

$$\left[\sqrt{\frac{19 \cdot 54^2}{32{,}85}}; \sqrt{\frac{19 \cdot 54^2}{8{,}91}}\right] = [41{,}07; 78{,}86].$$

Zum Konfidenzniveau von 95 % liegt die Standardabweichung zwischen 41 und 79 [g]. ◂

Schließende Statistik – Testen

Wie entscheidet man sich zwischen zwei alternativen Aussagen?

Wann ist eine Aussage „statistisch bewiesen"?

Was bedeutet „signifikant"?

8.1	Test über eine Wahrscheinlichkeit bei einfacher Alternative	76
8.2	Tests bei zusammengesetzter Alternative	78
8.3	Tests über einen Erwartungswert	78
8.4	Tests über einen Anteil	81
8.5	Tests über eine Varianz	82
8.6	Zusammenfassung der Tests für μ und σ^2	83

© Springer-Verlag Berlin Heidelberg 2017
T. Lange, K. Mosler, *Statistik kompakt*, Springer-Lehrbuch, DOI 10.1007/978-3-662-53467-0_8

Aufgabe der schließenden Statistik ist es, aus den realisierten Werten einer Zufallsstichprobe $X_1, \ldots, X_n$ auf die zugrunde liegende Verteilung zu schließen. Ein statistischer Test ist ein Verfahren zur Prüfung einer Hypothese über die Verteilung. Mithilfe einer Testfunktion wird eine Entscheidung zwischen zwei alternativen Aussagen gefällt.

8.1 Test über eine Wahrscheinlichkeit bei einfacher Alternative

Wir betrachten das Testproblem zunächst an einem Beispiel.

B 8.1 Elektronikkaufmann (1)

Ein Elektronikkaufmann beabsichtigt, für ein bestimmtes Gerät eine Händlergarantie anzubieten, die über die gesetzliche Garantie hinaus einen im dritten Jahr auftretenden Defekt des Geräts abdeckt. Bezüglich der Wahrscheinlichkeit p eines solchen Defekts zieht der Kaufmann lediglich zwei Möglichkeiten in Betracht: Sie beträgt entweder 10 oder 15 %. Er prüft nun auf Basis einer Stichprobe, welche der beiden Möglichkeiten zutrifft. Die fraglichen Aussagen werden als Nullhypothese und Gegenhypothese bezeichnet:

- Nullhypothese: $H_0: p = 0{,}10$
- Gegenhypothese: $H_1: p = 0{,}15$

Um zwischen Null- und Gegenhypothese zu entscheiden, zieht er aus seiner Kundenkartei zufällig $n = 20$ frühere Käufe des Geräts und notiert die Gesamtanzahl (Stichprobensumme) Y der im dritten Jahr defekt gewordenen Geräte. Da die Defekte bei verschiedenen Kunden auftreten, können sie als stochastisch unabhängig angenommen werden. Folglich bilden die Ergebnisse der betrachteten 20 Käufe eine Bernoulli-Versuchsreihe, und Y ist binomialverteilt: $Y = n\overline{X} \sim B(20, p)$. Bezüglich der Wahrscheinlichkeit p gibt es die beiden alternativen Hypothesen.

Offenbar legt ein relativ kleines Y nahe, dass $p = 0{,}10$ ist, während ein größeres Y für $p = 0{,}15$ spricht. Der Kaufmann verwendet deshalb folgende Entscheidungsregel:

- H_0, wenn $Y < k_{\text{krit}}$,
- H_1, wenn $Y \geq k_{\text{krit}}$.

Dabei muss er k_{krit} noch geeignet bestimmen. ◄

Allgemein besteht ein **statistischer Test** aus

- einer **Nullhypothese** H_0 und einer **Gegenhypothese** H_1,
- einer **Testgröße** (**Teststatistik**) T, d. h. einer Funktion, die jedem Ergebnis der Daten entweder eine 0 oder eine 1 zuordnet, was einer Entscheidung für H_0 bzw. H_1 entspricht.

Die Teststatistik lässt sich am einfachsten durch den Bereich der Daten beschreiben, in dem sie den Wert 1 annimmt; er heißt **kritischer Bereich** K^*. Da in diesem Bereich die Nullhypothese zugunsten der Gegenhypothese abgelehnt wird, nennt man ihn auch **Ablehnbereich**.

Im Beispiel ist der kritische Bereich durch $K^* = [k_{\text{krit}}, \infty[$ gegeben; k_{krit} heißt **kritischer Wert**.

Zwei **Fehlentscheidungen** sind möglich:

1. Entscheidung für H_1, obwohl H_0 zutrifft $\to$ **Fehler erster Art**
2. Entscheidung für H_0, obwohl H_1 zutrifft $\to$ **Fehler zweiter Art**

$\alpha = P(T \in K^* | H_0)$ ist gleich der **Wahrscheinlichkeit eines Fehlers erster Art**, dass die Teststatistik in den kritischen Bereich fällt, obwohl H_0 richtig ist.

$\beta = P(T \notin K^* | H_1)$ ist gleich der **Wahrscheinlichkeit eines Fehlers zweiter Art**, dass die Teststatistik *nicht* in den kritischen Bereich fällt, obwohl H_1 richtig ist.

	H_0 trifft zu	H_1 trifft zu
Entscheidung für H_0	Richtig! Wahrscheinlichkeit $= 1 - \alpha$	Fehler zweiter Art Wahrscheinlichkeit $= \beta$
Entscheidung für H_1	Fehler erster Art Wahrscheinlichkeit $= \alpha$	Richtig! Wahrscheinlichkeit $= 1 - \beta$

Achtung Die Wahrscheinlichkeiten α und β werden unter unterschiedlichen Annahmen ermittelt: α unter der Annahme, dass H_0 zutrifft, β unter der Annahme, dass H_1 zutrifft. Sie addieren sich also nicht zu eins! ◄

Der kritische Bereich K^* wird nun so festgelegt, dass die Fehlerwahrscheinlichkeit erster Art α hinreichend klein ist.

Offenbar gilt: Wenn man K^* verkleinert, wird α kleiner und β größer. Wenn man K^* vergrößert, ist es umgekehrt. Also können durch geeignete Wahl von K^* nicht beide Fehlerwahrscheinlichkeiten zugleich minimiert werden.

	K^* groß	K^* klein
Fehler erster Art $\alpha = P(T \in K^* | H_0)$	α groß	α klein
Fehler zweiter Art $\beta = P(T \notin K^* | H_1)$	β klein	β groß

K^* wird so gewählt, dass α unterhalb einer vorgegebenen zulässigen Irrtumswahrscheinlichkeit für den Fehler erster Art, dem **Signifikanzniveau** α^* bleibt. Man spricht dann von einem **Signifikanztest zum Niveau** α^*.

Als Signifikanzniveau α^* werden üblicherweise – je nach Anwendung – 1 %, 5 % oder 10 % gewählt.

B 8.2 Elektronikkaufmann (2)

Aufgabe: Konstruieren Sie einen Signifikanztest zum Niveau $\alpha^* = 0{,}05$. Der kritische Wert k_{krit} ist so zu bestimmen, dass die Fehlerwahrscheinlichkeit erster Art unterhalb des Signifikanzniveaus bleibt.

Lösung:

Die Teststatistik ist $T = Y = n\overline{X}$. Wir probieren verschiedene Werte von k_{krit} und wählen den kleinsten Wert, für den $\alpha \leq \alpha^* = 0{,}05$ ist.

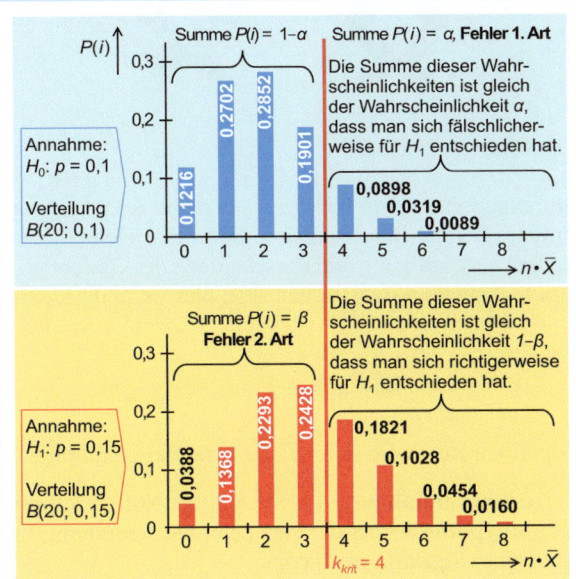

Abb. 8.1 Fehlerwahrscheinlichkeiten bei $k_{\text{krit}} = 4$

Zunächst setzen wir $k_{\text{krit}} = 4$ (Abb. 8.1). Hat die Zufallsgröße $n\overline{X}$ einen Wert ≥ 4 (rechter Teil der Diagramme), so entscheiden wir uns für H_1. Ansonsten, wenn die Zufallsgröße $n\overline{X}$ einen Wert < 4 hat (linker Teil der Diagramme), entscheiden wir uns für H_0. Wir erhalten so die Fehlerwahrscheinlichkeiten

$$\alpha = P(4) + P(5) + \ldots + P(20)$$
$$= 1 - [P(0) + P(1) + P(2) + P(3)]$$
$$= 1 - \underbrace{[0{,}1216 + 0{,}2702 + 0{,}2852 + 0{,}1901]}_{\text{Werte aus dem oberen (blauen) Diagramm}}$$
$$= 0{,}1329 > 0{,}05 = \alpha^*$$
$$\beta = P(0) + P(1) + P(2) + P(3)$$
$$= \underbrace{0{,}0388 + 0{,}1368 + 0{,}2293 + 0{,}2428}_{\text{Werte aus dem unteren (roten) Diagramm}}$$
$$= 0{,}6477.$$

Wählen wir stattdessen $k_{\text{krit}} = 5$, erhalten wir entsprechend $\alpha = 0{,}0431 \leq 0{,}05 = \alpha^*$ sowie $\beta = 0{,}8298$.

Für $k_{\text{krit}} = 6$ berechnet man ebenso die Wahrscheinlichkeiten $\alpha = 0{,}0112$ und $\beta = 0{,}9326$.

Wenn man k_{krit} vergrößert, wird die Entscheidung für die Nullhypothese wahrscheinlicher; während α kleiner wird, nimmt β zu.

Zum Signifikanzniveau $\alpha^* = 5\,\%$ ist offenbar $k_{\text{krit}} = 5$ als kritische Grenze zu wählen, denn für $k_{\text{krit}} = 5$ ist $\alpha = 0{,}0431 \leq 0{,}05$; für $k_{\text{krit}} = 4$ ist $\alpha = 0{,}1329 > 0{,}05$. Man beachte, dass der Fehler zweiter Art nicht kontrolliert wird; seine Wahrscheinlichkeit ist mit 82,98 % recht hoch. ◂

Beim obigen Signifikanztest über eine Wahrscheinlichkeit handelt es sich um einen Test für eine **einfache Alternative**. Diese besteht aus einer Null- und einer Gegenhypothese, die jeweils genau einen möglichen Parameterwert beinhalten.

- Hypothesen: $H_0: \vartheta = \vartheta_0$ gegen $H_1: \vartheta = \vartheta_1$
- Testgröße: $T = g(X_1, X_2, \ldots, X_n \mid \vartheta)$

Nimmt die Testgröße T auf den gegebenen Daten einen Wert im kritischen Bereich K^* an, so wird die Nullhypothese abgelehnt:

- Fehler erster Art: $\alpha = P(T \in K^* \mid H_0: \vartheta = \vartheta_0)$
- Fehler zweiter Art: $\beta = P(T \notin K^* \mid H_1: \vartheta = \vartheta_1)$

Abb. 8.2 zeigt die beiden Dichten einer Testgröße T unter H_0 und H_1; der Ablehnbereich ist $K^* = \{(x_1, \ldots, x_n) : t > k_{\text{krit}}\}$. Man muss sich damit zufrieden geben, *eine der beiden Fehlerwahrscheinlichkeiten* zu kontrollieren, d.h. klein zu halten. Dazu wählt man regelmäßig die Fehlerwahrscheinlichkeit erster Art, also die Wahrscheinlichkeit α, dass H_0 abgelehnt wird, obwohl H_0 richtig ist.

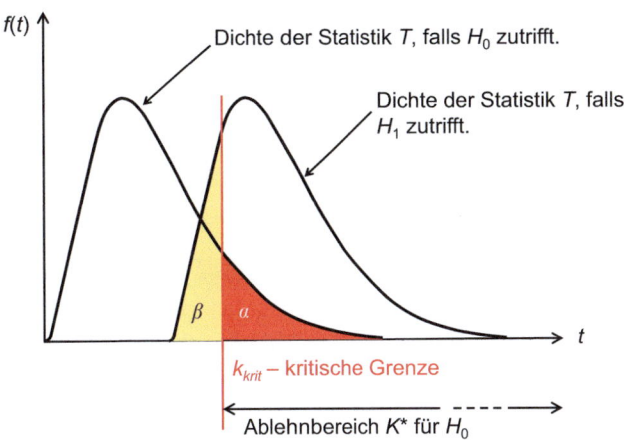

Abb. 8.2 Test bei einfacher Alternative

8.2 Tests bei zusammengesetzter Alternative

Allgemein geht man von Hypothesenpaaren H_0 und H_1 aus, die auch mehrere Parameterwerte enthalten können, sog. **zusammengesetzten Alternativen**:

$$H_0: \theta \in \Theta_0 \quad \text{gegen} \quad H_1: \theta \in \Theta_1,$$

wobei Θ_0 und Θ_1 zwei disjunkte Mengen von möglichen Werten des Parameters θ sind.

α und β sind jetzt als *maximale* Wahrscheinlichkeiten definiert, einen Fehler erster bzw. zweiter Art zu begehen:

$$\alpha = \sup_\theta \{P(\text{Entscheidung für } H_1) \,|\, \theta \in \Theta_0\},$$
$$\beta = \sup_\theta \{P(\text{Entscheidung für } H_0) \,|\, \theta \in \Theta_1\}.$$

Wie schon bei einer einfachen Alternative ist es bei einer zusammengesetzten Alternative nicht möglich, einen Test zu konstruieren, bei dem sowohl α als auch β klein sind. Die **maximale Fehlerwahrscheinlichkeit erster Art α** wird kontrolliert, die **maximale Fehlerwahrscheinlichkeit zweiter Art β** jedoch nicht, d. h., β kann sehr groß sein. (In vielen Fällen, z. B. bei den folgenden Gauß-Tests, gilt sogar $\beta = 1 - \alpha$.)

Offensichtlich sind die Testergebnisse „H_0 ablehnen" und „H_0 nicht ablehnen" von sehr unterschiedlicher Bedeutung. Während sich der Statistiker vor einem *fälschlichen Ablehnen* von H_0 durch die Festlegung einer kleinen Wahrscheinlichkeit α schützt, bleibt er gegen ein *fälschliches Nichtablehnen* ungeschützt. Beim Ablehnen der Nullhypothese H_0 kann er davon ausgehen, dass H_0 höchstwahrscheinlich falsch ist, da die empirischen Daten stark davon abweichen. Da aber der Fehler zweiter Art, d. h. die fehlerhafte Entscheidung für H_0, nicht kontrolliert wird, darf er bei der Entscheidung für H_0 nicht sagen „H_0 ist richtig", sondern nur „H_0 ist nicht widerlegt"!

Lehnt der Test dagegen H_0 ab, so ist damit die Entscheidung für H_1 mit der vorgegebenen Fehlerwahrscheinlichkeit α gerechtfertigt. H_1 ist dann **zum Signifikanzniveau α statistisch gesichert**, man sagt auch: **statistisch bewiesen**.

Achtung Möchte der Statistiker eine Vermutung durch einen Signifikanztest bestätigen, so muss er sie als Gegenhypothese H_1 formulieren, denn nur so kann er die fälschliche Ablehnung von H_0 (fälschliche Bestätigung von H_1) kontrollieren. ◄

B 8.3 Gerichtsverfahren als „statistischer Test"

Anschaulich lässt sich die Wichtigkeit der richtigen Wahl der Nullhypothese am Beispiel des Gerichtsverfahrens zeigen (Abb. 8.3):

- Variante A: H_0 – „Der Angeklagte ist schuldig" (**Schuldvermutung**)
- Variante B: H_0 – „Der Angeklagte ist unschuldig" (**Unschuldsvermutung**)

Abb. 8.3 Gerichtsverfahren

Grundlage eines fairen Prozesses ist die Unschuldsvermutung. Bei der Beweiserhebung werden Daten erhoben; die Beweiswürdigung und Entscheidung des Gerichts entspricht dann dem statistischen Test. Nur wenn die Beweise ausreichen, darf der Angeklagte schuldig gesprochen werden. ◄

Ein Signifikanztest wird in folgenden drei Stufen durchgeführt:

1. **Verteilungsannahme** an die Stichprobe; **Nullhypothese** und **Gegenhypothese** über die Parameter der Verteilung; Festlegung eines **Signifikanzniveaus**
2. Wahl einer **Testgröße** und Bestimmung eines **Ablehnbereichs K^*** (allgemein ist der Ablehnbereich durch Quantile der Testgröße begrenzt)
3. Einsetzen der **Stichprobendaten** in die Testgröße und **Entscheidung** über Ablehnung oder Nichtablehnung der Nullhypothese

8.3 Tests über einen Erwartungswert

Wir betrachten im Folgenden eine Stichprobe $X_1, \ldots, X_n$ und konstruieren Tests über die Werte der Parameter $\mu = E(X_i)$ und $\sigma^2 = \text{Var}(X_i)$.

Tests über den Erwartungswert bei bekannter Varianz (Gauß-Tests)

Uns interessiert der Erwartungswert μ im Vergleich mit einem zahlenmäßig gegebenen Wert μ_0. Dabei unterscheiden wir dreierlei Hypothesenpaare:

1) $H_0: \mu = \mu_0$ gegen $H_1: \mu \neq \mu_0 \rightarrow$ **zweiseitiger Test**
2) $H_0^+: \mu \leq \mu_0$ gegen $H_1^+: \mu > \mu_0$
3) $H_0^-: \mu \geq \mu_0$ gegen $H_1^-: \mu < \mu_0$ $\Big\} \rightarrow$ **einseitige Tests**

B 8.4 Brauerei

In einer Brauerei wird die mittlere Abfüllmenge von 0,33-Liter-Flaschen überprüft, und zwar

1. aus Sicht eines Gutachters, der feststellen will, ob vom Sollwert $\mu_0 = 0{,}33$ nach oben oder unten abgewichen wird,
2. aus Sicht der Brauerei, die prüfen will, ob im Mittel zu viel Bier abgefüllt wird,
3. aus Sicht eines Großkunden, der ggf. etwaige Abweichungen nach unten nachweisen möchte.

Die interessierende und statistisch zu beweisende Hypothese ist hier *jeweils als Gegenhypothese* zu formulieren.

◂

Um eine Hypothese über μ zu testen, bietet es sich an, das Stichprobenmittel $\overline{X}$, das ja ein Schätzer für μ ist, als Testgröße einzusetzen.

Für die folgenden **Gauß-Tests** nehmen wir an, dass die X_i normalverteilt sind, $X_i \sim N(\mu, \sigma^2)$, wobei μ unbekannt ist, σ^2 aber bekannt. Dann ist das Stichprobenmittel normalverteilt mit Parametern $E(\overline{X}) = \mu$ und $\text{Var}(\overline{X}) = \sigma^2/n$.

Falls $\mu = \mu_0$ zutrifft, haben wir $\overline{X} \sim N(\mu_0, \sigma^2)$ und nach Standardisierung

$$T = \frac{\overline{X} - \mu_0}{\sigma} \sqrt{n} \sim N(0,1).$$

Das so standardisierte Stichprobenmittel dient im Folgenden als **Testgröße**. Unter der Hypothese $\mu = \mu_0$ ist T standard-normalverteilt.

Zur Bestimmung eines Quantils y_a der standard-normalverteilten Zufallsgröße T nutzen wir die tabellierte Verteilungsfunktion $\Phi(y)$, die die Fläche unter der Verteilungsdichte $f(y)$ angibt (Abb. 8.4).

- **Fall 1 in Beispiel 8.4:** $H_0: \mu = \mu_0$ gegen $H_1: \mu \neq \mu_0$
  Beim **zweiseitigen Test** wird die Nullhypothese abgelehnt, wenn das standardisierte Stichprobenmittel T entweder zu groß oder zu klein ist. Der kritische Bereich besteht aus zwei zueinander symmetrischen Bereichen an den äußeren Rändern der Verteilung, und die Entscheidungsregel lautet wie folgt: Lehne H_0 ab und entscheide für H_1, falls entweder $T \geq y_{1-\alpha/2}$ oder $T \leq y_{\alpha/2}$ ist (Abb. 8.5).

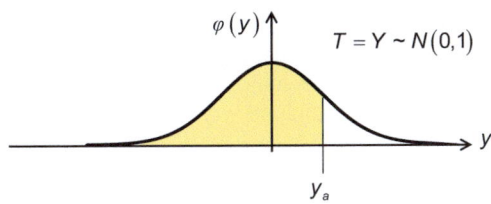

Abb. 8.4 Dichte der Testgröße (Gauß-Tests)

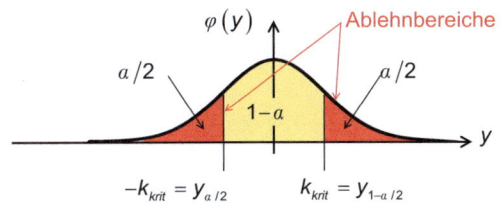

Abb. 8.5 Zweiseitiger Gauß-Test

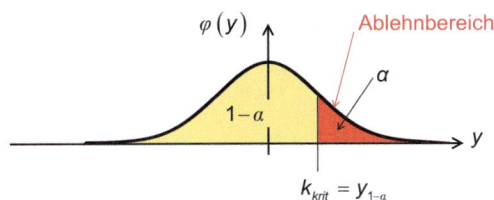

Abb. 8.6 Rechtsseitiger Gauß-Test

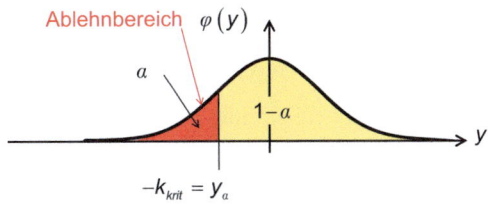

Abb. 8.7 Linksseitiger Gauß-Test

Wegen $y_{\alpha/2} = -y_{1-\alpha/2}$ ist das gleichbedeutend mit $|T| \geq y_{1-\alpha/2}$. Das Signifikanzniveau des Tests beträgt

$$P(|T| > y_{1-\alpha/2}|H_0) = \alpha.$$

- **Fall 2 in Beispiel 8.4:** $H_0^+: \mu \leq \mu_0$ gegen $H_1^+: \mu > \mu_0$
  Beim rechtsseitigen Gauß-Test entscheiden wir uns für H_1^+, falls $T \geq y_{1-\alpha}$ (Abb. 8.6).
- **Fall 3 in Beispiel 8.4:** $H_0^-: \mu \geq \mu_0$ gegen $H_1^-: \mu < \mu_0$
  Beim linksseitigen Gauß-Test entscheiden wir uns für H_1^-, falls $T \leq -y_{1-\alpha}$ (Abb. 8.7).

B 8.5 Krankenhaus

In ein Krankenhaus werden Infusionsbeutel geliefert, die 2 mg eines bestimmten Wirkstoffs enthalten sollen. Bei einer Untersuchung von 30 Beuteln stellt man durchschnittlich 1,92 mg des Wirkstoffs in den Beuteln fest. Der Lieferant behauptet, dass diese Abweichung zufallsbedingt und die mittlere Menge in Wahrheit gleich der Sollmenge sei. Die Varianz der Menge wird aufgrund früherer Lieferungen mit 0,05 $[\text{mg}^2]$ angenommen.

Aufgabe: Überprüfen Sie die Aussage des Lieferanten zum Signifikanzniveau $\alpha = 0{,}01$, d. h., Sie dürfen sich bei einer Ablehnung seiner Hypothese mit einer Wahrscheinlichkeit von 1 % irren.

Lösung: Die Messergebnisse werden als normalverteilt angesehen.

1. Hypothesen und Niveau des Tests:
   - Nullhypothese H_0: Die mittlere Sollmenge wird eingehalten → $\mu = \mu_0 = 2$ [mg]
   - Gegenhypothese H_1: Die mittlere Sollmenge wird nicht eingehalten → $\mu \neq \mu_0$
   - Signifikanzniveau $\alpha = 0{,}01$
2. Testgröße T und kritischer Bereich K^*:
$$T = \frac{\overline{X} - \mu_0}{\sigma}\sqrt{n}$$
$$k_{\text{krit}} = y_{1-\alpha/2} = y_{0{,}995} = \Phi^{-1}(0{,}995)$$
$$= z_{0{,}995} = 2{,}58$$
$$K^* =]-\infty, -2{,}58] \cup [+2{,}58, +\infty[$$
3. Testentscheidung: Die Testgröße T hat den Wert t:
$$t = \frac{\overline{x} - \mu_0}{\sigma}\sqrt{n} = \frac{1{,}92 - 2}{\sqrt{0{,}05}}\sqrt{30} = -1{,}96 \notin K^*,$$

also wird H_0 nicht abgelehnt.

Die Behauptung des Lieferanten (Nullhypothese) kann zum Signifikanzniveau 1 % nicht widerlegt werden.

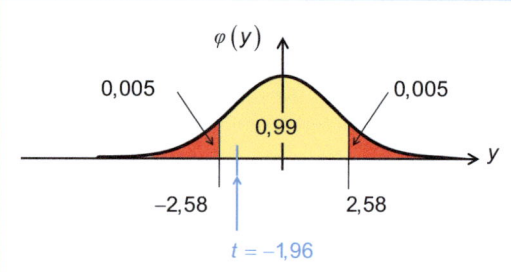

Abb. 8.8 Testgröße und kritischer Bereich

Es stellt sich die Frage, wie der Test ausgegangen wäre, wenn die durchschnittliche Menge bei 1,88 mg gelegen hätte:
$$T = \frac{\overline{X} - \mu_0}{\sigma}\sqrt{n} = \frac{1{,}88 - 2}{\sqrt{0{,}05}}\sqrt{30} = -2{,}939$$
$$\to T \in K^*, \quad \text{da } |T| = 2{,}939 > 2{,}58.$$

In diesem Fall wäre die Nullhypothese; also die Behauptung des Lieferanten, mit einer Irrtumswahrscheinlichkeit von 0,01 widerlegt worden.

Zur Erinnerung: Wenn der Statistiker seine Vermutung durch einen Test bestätigen will, so muss er sie als Gegenhypothese H_1 formulieren, denn nur so kann er die fälschliche Ablehnung von H_0 und damit die fälschliche Bestätigung von H_1 mithilfe des vorgegebenen Signifikanzniveaus α kontrollieren.

Hier will das Krankenhaus dem Lieferanten ggf. nachweisen, dass dieser die Sollmenge nicht einhält. Folglich wird der Verdacht $\mu \neq \mu_0$ als Gegenhypothese H_1 formuliert. ◂

Tests über den Erwartungswert bei unbekannter Varianz (Student-Test)

Bei den vorigen Gauß-Tests ist vorausgesetzt, dass man die Varianz aus früheren Beobachtungen oder anderen Informationen bereits kennt. Das ist jedoch häufig nicht der Fall.

Die Stichprobe sei wiederum normalverteilt, $X_i \sim N(\mu, \sigma^2)$. Wir formulieren erneut die drei Hypothesenpaare:

1) $H_0: \mu = \mu_0$ gegen $H_1: \mu \neq \mu_0$,
2) $H_0^+: \mu \leq \mu_0$ gegen $H_1^+: \mu > \mu_0$,
3) $H_0^-: \mu \geq \mu_0$ gegen $H_1^-: \mu < \mu_0$.

Da σ^2 diesmal nicht bekannt ist, müssen wir für die Varianz einen Schätzwert einsetzen. Die korrigierte empirische Standardabweichung S_n^* wird, ebenso wie $\overline{X}$, aus der Stichprobe bestimmt.

Zur Erinnerung: Falls $\mu = \mu_0$ ist, gilt

$$\overline{X} = \frac{1}{n}\sum_{i=1}^{n} X_i \sim N\left(\mu_0, \frac{\sigma^2}{n}\right),$$

$$(n-1)S_n^{*2} = \sum_{i=1}^{n}(X_i - \overline{X})^2 \sim \chi_{n-1}.$$

Wir verwenden die Testgröße

$$T = \frac{\overline{X} - \mu_0}{S_n^*}\sqrt{n}.$$

Sie ist unter der Nullhypothese $H_0: \mu = \mu_0$ **Student-verteilt** mit $n-1$ Freiheitsgraden (▶ Kap. 7): $T \sim t_{n-1}$.

Entsprechend fallen in den drei Varianten des Tests die Testentscheidungen aus:

1. $H_1: \mu \neq \mu_0$ ist statistisch gesichert, wenn $|T| \geq t_{n-1,1-\alpha/2}$,
2. $H_1^+: \mu > \mu_0$ ist statistisch gesichert, wenn $T \geq t_{n-1,1-\alpha}$,
3. $H_1^-: \mu < \mu_0$ ist statistisch gesichert, wenn $T \leq -t_{n-1,1-\alpha}$.

B 8.6 Folie

Es soll die Dicke einer Folie bezüglich der Einhaltung des Sollwertes von $\mu_0 = 55$ [µm] geprüft werden. Dabei sei eine Irrtumswahrscheinlichkeit von $\alpha = 0{,}05$ zulässig. Die Stichprobenlänge beträgt $n = 25$, der Mittelwert der Stichprobe $\overline{X} = 56{,}4$ und die korrigierte empirische Varianz $S_n^{*2} = 14$.

Drei unterschiedliche Interessengruppen sind an einem solchen Test interessiert:

1. Die Eichkommission möchte wissen, ob es unzulässige Abweichungen vom Sollmaß sowohl nach oben als auch nach unten gibt. Die Kommission formuliert deshalb folgenden Testansatz:

$$H_0: \mu = 55 \quad \text{gegen} \quad H_1: \mu \neq 55.$$

2. Der Betreiber der Fabrik, die die Folien herstellt, möchte ggf. nachweisen, dass die Folien zu dick sind und deshalb zu viel Material verbraucht wird. Der Betreiber formuliert deshalb folgenden Testansatz:

$$H_0^+: \mu \leq 55 \quad \text{gegen} \quad H_1^+: \mu > 55.$$

3. Die Verbraucherorganisation möchte zeigen, dass die Folien zu dünn sind (und deshalb leicht reißen). Deshalb formuliert sie:

$$H_0^-: \mu \geq 55 \quad \text{gegen} \quad H_1^-: \mu < 55.$$

Lösung: Die gemessenen Foliendicken werden als normalverteilt angesehen.

Der Wert der Testgröße T aller drei Tests ist

$$T = \frac{\overline{X} - \mu_0}{S_n^{*2}}\sqrt{n} = \frac{56{,}4 - 55}{\sqrt{14}}\sqrt{25} = 1{,}87.$$

Jedoch unterscheiden sich, wie schon bei den Gauß-Tests, die drei kritischen Bereiche zum jeweiligen Signifikanzniveau von $\alpha = 5\,\%$:

- Zu Punkt 1: $H_0: \mu = 55$ gegen $H_1: \mu \neq 55$

  $\rightarrow t_{24;0{,}975} = 2{,}064,$
  $\rightarrow$ kritischer Bereich
  $\quad K^* = \,]-\infty, -2{,}064] \cup [2{,}064, \infty[,$
  $\rightarrow T = 1{,}87 < t_{24;0{,}975} = 2{,}064 \rightarrow T \notin K^*.$

  (Für das Quantil siehe Abb. 8.9, blau-umrandetes Feld.) T liegt nicht im kritischen Bereich. H_0 ist nicht widerlegt!

- Zu Punkt 2: $H_0^+: \mu \leq 55$ gegen $H_1^+: \mu > 55$

  $\rightarrow t_{24;0{,}95} = 1{,}711,$
  $\rightarrow$ kritischer Bereich $K^* = [1{,}711, \infty[,$
  $\rightarrow T = 1{,}87 > t_{24;0{,}95} = 1{,}711 \rightarrow T \in K^*.$

  (Für das Quantil siehe Abb. 8.9, rot-umrandetes Feld.) Wir lehnen die Nullhypothese ab, da die Testgröße in den kritischen Bereich fällt. Die These des Fabrikbesitzers, dass $\mu > 55$ [μm], trifft mit einer Irrtumswahrscheinlichkeit von 5 % zu.

- Zu Punkt 3: $H_0^-: \mu \geq 55$ gegen $H_1^-: \mu < 55$

  $\rightarrow -t_{24;0{,}95} = -1{,}711,$
  $\rightarrow$ kritischer Bereich $K^* = \,]-\infty, -1{,}711],$
  $\rightarrow T = 1{,}87 > -t_{24;0{,}95} = -1{,}711 \rightarrow T \notin K^*.$

Die Nullhypothese kann nicht widerlegt werden, da die Testgröße nicht in den kritischen Bereich fällt. ◀

$t_{r,p}$

r	\multicolumn{7}{c}{p}						
	0,75	0,875	0,90	0,95	0,975	0,99	0,995	0,999
21	0,686	1,183	1,323	1,721	2,080	2,518	2,831	3,527
22	0,686	1,182	1,321	1,717	2,074	2,508	2,819	3,505
23	0,685	1,180	1,319	1,714	2,069	2,500	2,807	3,485
24	0,685	1,179	1,318	1,711	2,064	2,492	2,797	3,467
25	0,685	1,178	1,316	1,708	2,060	2,485	2,787	3,450
26	0,684	1,177	1,315	1,706	2,056	2,479	2,779	3,435
27	0,684	1,176	1,314	1,703	2,052	2,473	2,771	3,421
28	0,683	1,175	1,313	1,701	2,048	2,467	2,763	3,408
29	0,683	1,174	1,311	1,699	2,045	2,462	2,756	3,396
30	0,683	1,173	1,310	1,697	2,042	2,457	2,750	3,385

Abb. 8.9 Quantile der Student-Verteilung (Auszug)

Tests über den Erwartungswert einer beliebigen Verteilung

Die Gauß-Tests (bei bekannter Varianz) und Student-Tests (bei unbekannter Varianz) gelten zunächst nur für normalverteilte Stichproben. Da aber nach dem zentralen Grenzwertsatz auch bei einer beliebigen Verteilung die Testgröße der Gauß-Tests, nämlich das Stichprobenmittel $\overline{X}$, näherungsweise normalverteilt ist, gelten die Gauß-Tests auch für beliebig verteilte Stichproben, sofern nur die Stichprobenlänge groß genug ist. Gleiches gilt für die Student-Tests mit Testgröße

$$T = \frac{\overline{X} - \mu_0}{S_n^*}\sqrt{n}.$$

Da S_X^* gegen σ konvergiert, ist T näherungsweise t_{n-1}-verteilt, und die Student-Tests gelten auch bei beliebiger Verteilung für hinreichend große n.

Die Frage bleibt natürlich, wie groß n sein muss, damit dies gilt. Generell kann man sagen: Je symmetrischer die Verteilung der X_i ist und je weniger Masse sie an den äußeren Enden besitzt, umso rascher geht die Konferenz und umso besser ist die Approximation bereits für kleinere n. Beispielsweise, wenn die X_i rechteckverteilt sind, ist die Verteilung symmetrisch und hat null Masse auf den Flanken; dann genügt bereits $n \geq 5$ für eine brauchbare Approximation der Normalverteilung. Andererseits ist beispielsweise die Verteilung $B(1; 0{,}9)$ stark asymmetrisch; falls $X_i \sim B(1; 0{,}9)$ ist, sollte eher $n \geq 100$ sein.

8.4 Tests über einen Anteil

Eine häufige Fragestellung ist, ob ein Anteil einer Population gleich oder kleiner als ein bestimmter Wert ist.

B 8.7 Parteipräferenz (1)

In der Wählerschaft eines Landes soll ermittelt werden, ob der Anteil der Wähler mit Parteipräferenz XY die Marke von 20 % übersteigt. Von 1000 dazu befragten

Wahlberechtigten geben 210 an, dass sie XY wählen würden. Kann man daraus signifikant schließen, dass der Anteil der XY-Wähler mehr als $p_0 = 20\,\%$ beträgt? Die zulässige Irrtumswahrscheinlichkeit sei $\alpha = 0{,}05$.

Wir konstruieren hierzu einen Test der Hypothesen

$H_0^+ : p \leq 0{,}20 \quad$ gegen $\quad H_1^+ : p > 0{,}20$.

Generell betrachten wir wieder drei Testprobleme:

1. $H_0 : p = p_0$ gegen $H_1 : p \neq p_0$,
2. $H_0^+ : p \leq p_0$ gegen $H_1^+ : p > p_0$,
3. $H_0^- : p \geq p_0$ gegen $H_1^- : p < p_0$.

Es liegt nahe, zum Testen den beobachteten Anteil $\hat{p}$ mit dem Bezugswert p_0 zu vergleichen. Die Differenz $\hat{p} - p$ ist asymptotisch normalverteilt mit Erwartungswert null und Varianz $p(1-p)/n$. Wir dividieren die Differenz durch ihre Standardabweichung und erhalten so eine annähernd standard-normalverteilte Größe:

$$\frac{\hat{p} - p}{\sqrt{p(1-p)}} \sqrt{n} \stackrel{\text{appr.}}{\sim} N(0,1).$$

Als Teststatistik verwenden wir

$$T = \frac{\hat{p} - p_0}{\sqrt{p_0(1-p_0)}} \sqrt{n}.$$

Falls $p = p_0$ zutrifft, ist T approximativ standard-normalverteilt:

$$T \stackrel{\text{appr.}}{\sim} N(0,1).$$

Daraus ergeben sich mit den Quantilen u_p der Standard-Normalverteilung folgende Testentscheidungen:

- Zu Punkt 1: $H_1 : p \neq p_0$ ist statistisch gesichert, wenn $|T| \geq u_{1-\alpha/2}$.
- Zu Punkt 2: $H_1^+ : p > p_0$ ist statistisch gesichert, wenn $T \geq u_{1-\alpha}$.
- Zu Punkt 3: $H_1^- : p < p_0$ ist statistisch gesichert, wenn $T \leq -u_{1-\alpha}$.

B 8.8 Parteipräferenz (2)

Zu sichern ist die Hypothese $H_1^+ : p > 0{,}20$. Der Tab. B.2 (Quantile der Standard-Normalverteilung im Anhang) entnehmen wir $z_{1-\alpha} = z_{0,95} = 1{,}6449$.

Die Testgröße hat hier den Wert t:

$$t = \frac{0{,}21 - 0{,}20}{\sqrt{0{,}20 \cdot 0{,}80}} \sqrt{1000} = 0{,}791 < 1{,}6449 = z_{1-\alpha}.$$

Folglich können wir die Nullhypothese nicht ablehnen. Aus den Beobachtungen lässt sich (zum Signifikanzniveau 0,05) nicht statistisch nachweisen, dass der Wähleranteil für Partei XY oberhalb von 20 % liegt. ◂

8.5 Tests über eine Varianz

Tests über die Varianz bei unbekanntem Erwartungswert (Chi-Quadrat-Test)

Wir nehmen weiterhin an, dass die Zufallsgrößen der Stichprobe normalverteilt sind. Beim folgenden Test werden Hypothesen bezüglich der Varianz σ^2 formuliert.

Für eine bestimmte Soll-Varianz σ_0^2 wird, je nach Fragestellung, eine der drei folgenden Alternativen überprüft:

1. $H_0 : \sigma^2 = \sigma_0^2$ gegen $H_1 : \sigma^2 \neq \sigma_0^2$
2. $H_0^+ : \sigma^2 \leq \sigma_0^2$ gegen $H_1^+ : \sigma^2 > \sigma_0^2$
3. $H_0^- : \sigma^2 \geq \sigma_0^2$ gegen $H_1^- : \sigma^2 < \sigma_0^2$

Als Testgröße verwendet man

$$T = (n-1) \frac{S_n^{*2}}{\sigma_0^2},$$

das ist im Wesentlichen das Verhältnis zwischen geschätzter Varianz und „Sollvarianz" σ_0^2.

Beachte: σ_0^2 ist der zu prüfende Sollwert. Die korrigierte empirische Varianz S_n^{*2} wird aus der Stichprobe ermittelt.

Unter $\sigma^2 = \sigma_0^2$ besitzt die Zufallsgröße T eine χ^2-Verteilung mit $n-1$ Freiheitsgraden: $T \sim \chi_{n-1}^2$. Folglich nutzen wir die Quantile der χ_{n-1}^2-Verteilung, und zwar wie folgt.

Die Nullhypothese wird dann *abgelehnt*, wenn

- in Fall 1: $T \geq \chi_{n-1, 1-\alpha/2}^2$ oder $T \leq \chi_{n-1, \alpha/2}^2$,
- in Fall 2: $T \geq \chi_{n-1, 1-\alpha}^2$,
- in Fall 3: $T \leq \chi_{n-1, \alpha}^2$.

B 8.9 Bolzen

Eine statistische Untersuchung der Länge von 16 gefertigten Bolzen ergab den Mittelwert 249,3 mm und eine empirische Standardabweichung von 1,5 mm. Der Hersteller gibt in seinen Prospekten an, dass die Standardabweichung $\sigma \leq 1{,}2$ mm sei.

Aufgabe: Prüfen Sie, ob gegen diese Aussage etwas einzuwenden ist.

Lösung: Wir versuchen nachzuweisen, dass der Hersteller *nicht* recht hat, und formulieren unsere Annahme als Gegenhypothese in Fall 2. Dabei geben wir uns ein Signifikanzniveau von $\alpha = 0{,}05$ vor:

$$H_0^+ : \sigma^2 \leq 1{,}44 \quad \text{gegen} \quad H_1^+ : \sigma^2 > 1{,}44.$$

Es ist $\chi_{n-1; 1-\alpha}^2 = \chi_{15; 0,95}^2 = 25{,}00$ (Abb. 8.10, rot umrandetes Feld). Die Nullhypothese wird abgelehnt, wenn $T \geq \chi_{n-1, 1-\alpha}^2$ ist.

Die Teststatistik T hat den Wert $T = 15 \cdot \frac{1{,}5^2}{1{,}2^2} = 23{,}4375 < 25{,}00$.

Wir können also die Aussage des Herstellers nicht widerlegen. ◂

$\chi^2_{r,p}$

r	p									
	0,005	0,01	0,025	0,05	0,1	0,5	0,9	0,95	0,975	0,99	0,995
1	0,00	0,00	0,00	0,00	0,02	0,45	2,71	3,84	5,02	6,63	7,88
2	0,01	0,02	0,05	0,10	0,21	1,39	4,61	5,99	7,38	9,21	10,60
3	0,07	0,11	0,22	0,35	0,58	2,37	6,25	7,81	9,35	11,34	12,84
4	0,21	0,30	0,48	0,71	1,06	3,36	7,78	9,49	11,14	13,28	14,86
5	0,41	0,55	0,83	1,15	1,61	4,35	9,24	11,07	12,83	15,09	16,75
6	0,68	0,87	1,24	1,64	2,20	5,35	10,64	12,59	14,45	16,81	18,55
7	0,99	1,24	1,69	2,17	2,83	6,35	12,02	14,07	16,01	18,48	20,28
8	1,34	1,65	2,18	2,73	3,49	7,34	13,36	15,51	17,53	20,09	21,95
9	1,73	2,09	2,70	3,33	4,17	8,34	14,68	16,92	19,02	21,67	23,59
10	2,16	2,56	3,25	3,94	4,87	9,34	15,99	18,31	20,48	23,21	25,19
11	2,60	3,05	3,82	4,57	5,58	10,34	17,28	19,68	21,92	24,73	26,76
12	3,07	3,57	4,40	5,23	6,30	11,34	18,55	21,03	23,34	26,22	28,30
13	3,57	4,11	5,01	5,89	7,04	12,34	19,81	22,36	24,74	27,69	29,82
14	4,07	4,66	5,63	6,57	7,79	13,34	21,06	23,68	26,12	29,14	31,32
15	4,60	5,23	6,26	7,26	8,55	14,34	22,31	25,00	27,49	30,58	32,80
16	5,14	5,81	6,91	7,96	9,31	15,34	23,54	26,30	28,85	32,00	34,27
17	5,70	6,41	7,56	8,67	10,09	16,34	24,77	27,59	30,19	33,41	35,72
18	6,26	7,01	8,23	9,39	10,86	17,34	25,99	28,87	31,53	34,81	37,16
19	6,84	7,63	8,91	10,12	11,65	18,34	27,20	30,14	32,85	36,19	38,58
20	7,43	8,26	9,59	10,85	12,44	19,34	28,41	31,41	34,17	37,57	40,00

Abb. 8.10 Quantile der Chi-Quadrat-Verteilung (Auszug)

8.6 Zusammenfassung der Tests für μ und σ^2

Verteilungsannahme	$X_1, \ldots, X_n \sim N(\mu, \sigma^2)$, σ^2 bekannt		
Nullhypothese	$H_0: \mu = \mu_0$	$H_0^+: \mu \leq \mu_0$	$H_0^-: \mu \geq \mu_0$
Gegenhypothese	$H_1: \mu \neq \mu_0$	$H_1^+: \mu > \mu_0$	$H_1^-: \mu < \mu_0$
Testgröße	$T = \frac{\bar{X} - \mu_0}{\sigma} \sqrt{n}$		
H_0 – wird abgelehnt, falls	$|T| \geq u_{1-\alpha/2}$	$T \geq u_{1-\alpha}$	$T \leq u_{1-\alpha}$

u_p – Quantile der Normalverteilung
Tests gelten asymptotisch für beliebige Verteilungen!

Verteilungsannahme	$X_1, \ldots, X_n \sim N(\mu, \sigma^2)$, σ^2 unbekannt		
Nullhypothese	$H_0: \mu = \mu_0$	$H_0^+: \mu \leq \mu_0$	$H_0^-: \mu \geq \mu_0$
Gegenhypothese	$H_1: \mu \neq \mu_0$	$H_1^+: \mu > \mu_0$	$H_1^-: \mu < \mu_0$
Testgröße	$T = \frac{\bar{X} - \mu_0}{S_n^*} \sqrt{n}$		
H_0 wird abgelehnt, falls	$|T| \geq t_{n-1,1-\alpha/2}$	$T \geq t_{n-1,1-\alpha}$	$T \leq -t_{n-1,1-\alpha}$

$t_{n-1,\beta}$ – Quantile der Student-Verteilung
Tests gelten asymptotisch für beliebige Verteilungen!

Verteilungsannahme	$X_1, \ldots, X_n \sim N(\mu, \sigma^2)$, μ unbekannt		
Nullhypothese	$H_0: \sigma = \sigma_0$	$H_0^+: \sigma \leq \sigma_0$	$H_0^-: \sigma \geq \sigma_0$
Gegenhypothese	$H_1: \sigma \neq \sigma_0$	$H_1^+: \sigma > \sigma_0$	$H_1^-: \sigma < \sigma_0$
Testgröße	$T = (n-1) \frac{S_n^{*2}}{\sigma_0^2}$		
H_0 wird abgelehnt, falls	$T \leq \chi^2_{n-1,\alpha/2}$ oder $T \geq \chi^2_{n-1,1-\alpha/2}$	$T \geq \chi^2_{n-1,1-\alpha}$	$T \leq -\chi^2_{n-1,\alpha}$

$\chi^2_{n-1,\beta}$ – Quantile der Chi-Quadrat-Verteilung
Tests gelten nur für normalverteilte Stichproben!

Regressionsanalyse

Wie lässt sich eine beobachte Größe durch eine andere erklären?

Was ist eine lineare Regression?

Wie stark ist der lineare Zusammenhang?

Wie genau sind die berechneten Koeffizienten?

Wie stellt man eine regressionsbasierte Prognose?

9.1 Einfache lineare Regression 86

9.2 Bestimmtheitsmaß 87

9.3 Regression mit Zufallsgrößen 88

9.4 Prognose aufgrund einer linearen Regression 91

9.5 Mehrfache Regression 91

Zu den wichtigsten statistischen Verfahren gehört die Regressionsanalyse. Mit ihr wird untersucht, ob ein Merkmal durch ein oder mehrere andere Merkmale erklärt werden kann. Meist wird die lineare Regression angewandt; sie unterstellt einen *linearen* Zusammenhang zwischen den Merkmalen.

9.1 Einfache lineare Regression

Bei der einfachen linearen Regression ändert sich eine Variable Y in linearer Weise mit nur einer Variablen X. Wir beschränken uns im Wesentlichen auf diesen Fall. Man beobachtet zwei metrische (▶ Kap. 2) Merkmale, Y und X, und nimmt an, dass die Änderung von Y zumindest teilweise durch die Änderung von X erklärt wird:

- Y heißt **abhängige** Variable oder **Regressand**.
- X heißt **unabhängige** Variable oder **Regressor**.

Seien $x_1, x_2, \ldots, x_n$ die beobachteten Werte der unabhängigen Variablen X und $y_1, y_2, \ldots, y_n$ die zugehörigen beobachteten Werte der abhängigen Variablen Y.

Ziel ist die Ermittlung eines linearen Zusammenhangs zwischen X und Y auf der Basis der beobachteten Wertepaare $(x_1, y_1), (x_2, y_2), \ldots, (x_n, y_n)$, also die Ermittlung einer **Regressionsgeraden** (Abb. 9.1).

Man unterstellt, dass X und Y durch eine lineare Beziehung

$$y = a + bx$$

verbunden sind. Sie wird als **theoretische Regressionsgerade** bezeichnet; die **Regressionskoeffizienten** a und b sind unbekannt. Die zu den Werten x_i des Regressors gehörigen Beobachtungen y_i der abhängigen Variablen folgen dieser linearen Beziehung nicht exakt, sondern jeweils mit einer kleinen Abweichung u_i:

$$y_i = a + bx_i + u_i, \quad i = 1, \ldots, n.$$

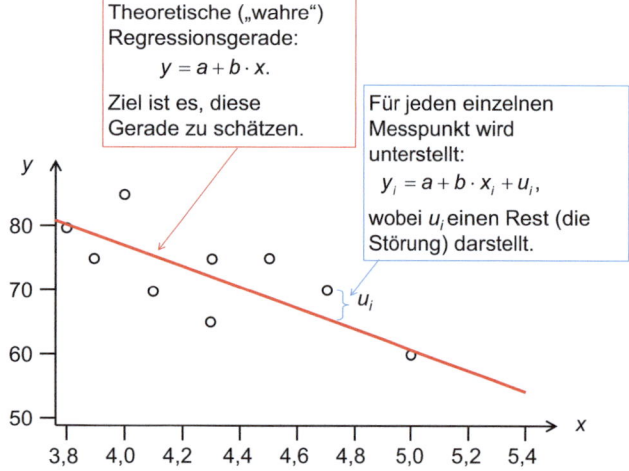

Abb. 9.1 Regressionsgerade

Die $u_1, u_2, \ldots, u_n$ sind nicht beobachtbare **Restgrößen**, sie werden auch **Störgrößen** oder **Residuen** genannt.

Die **Steigung** b der Regressionsgeraden misst den *durchschnittlichen Zuwachs* von Y pro Einheit von X. Die Regressionskoeffizienten a und b haben im Allgemeinen eine **Benennung**:

- a hat die Benennung von Y.
- b hat die Benennung: (Benennung von Y) geteilt durch (Benennung von X).

Ziel ist es, eine **konkrete Regressionsgerade**

$$y = \hat{a} + \hat{b}x$$

zu berechnen, indem man die unbekannten Regressionskoeffizienten a und b durch aus den Daten zu bestimmende Schätzwerte $\hat{a}$ und $\hat{b}$ annähert.

Bestimmung der Regressionskoeffizienten mit der KQ-Methode

Um $\hat{a}$ und $\hat{b}$ zu bestimmen, betrachtet man die Abweichungen der y-Beobachtungen von einer beliebigen Geraden $a + bx$. Sie sollen nach oben wie nach unten insgesamt möglichst klein sein.

Bei der **Methode der kleinsten Quadrate (KQ-Methode)** werden diese Abweichungen quadriert und aufsummiert; dann werden Werte für a und b so bestimmt, dass die Summe minimal wird:

$$\sum_{i=1}^{n} \bigg(\underbrace{y_i}_{\text{beobachtet}} - \underbrace{(a - bx_i)}_{\text{regressiert}} \bigg)^2 \to \min.$$

Aus der Minimierung lassen sich Schätzwerte für a und b herleiten:

$$\hat{b} = \frac{S_{XY}}{S_X^2}, \quad \hat{a} = \bar{y} - \hat{b}\bar{x},$$

wobei

$$\bar{x} = \frac{1}{n} \sum_{i=1}^{n} x_i, \quad \bar{y} = \frac{1}{n} \sum_{i=1}^{n} y_i,$$

$$S_X^2 = \underbrace{\frac{1}{n} \sum_{i=1}^{n} (x_i - \bar{x})^2}_{\text{Varianz der } x\text{-Werte}},$$

$$S_{XY} = \underbrace{\frac{1}{n} \sum_{i=1}^{n} (x_i - \bar{x})(y_i - \bar{y})}_{\text{Kovarianz}}.$$

Aus $\hat{a} = \bar{y} - \hat{b}\bar{x}$ folgt $\bar{y} = \hat{a} + \hat{b}\bar{x}$, d. h., die Regressionsgerade $\{(x, \hat{y}) : \hat{y} = \hat{a} + \hat{b}x\}$ geht durch den Punkt $(\bar{x}, \bar{y})$, den **Schwerpunkt** des Streudiagramms.

B 9.1 Werbeaufwand (1)

Ein Unternehmen möchte untersuchen, ob ein erhöhter Werbeaufwand in lokalen Tageszeitungen auch zu einem erhöhten Umsatz führt. Es liegen Daten aus zehn Verkaufsbezirken vor, in denen ein unterschiedlich hoher Werbeaufwand betrieben wurde.

Region i	1	2	3	4	5
Werbeaufwand x_i (in 100.000 €)	1	3	6	7	9
Umsatz y_i (in Mio. €)	38	43	45	47	51
Region i	6	7	8	9	10
Werbeaufwand x_i (in 100.000 €)	10	14	15	16	20
Umsatz y_i (in Mio. €)	53	55	57	58	57

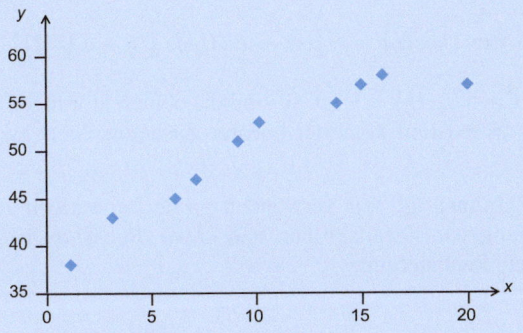

Abb. 9.2 Werbeaufwand – Datenpunkte

Aus den Daten berechnet man:

$$\bar{x} = 10{,}1, \quad \bar{y} = 50{,}4,$$

$$S_X^2 = \frac{1}{10} \sum_{i=1}^{10} (x_i - \bar{x})^2$$

$$= \frac{1}{10} \sum_{i=1}^{10} (x_i - 10{,}1)^2 = 33{,}29,$$

$$S_{XY} = \frac{1}{10} \sum_{i=1}^{10} (x_i - \bar{x})(y_i - \bar{y})$$

$$= \frac{1}{10} \sum_{i=1}^{10} (x_i - 10{,}1)(y_i - 50{,}4) = 35{,}76,$$

$$\hat{b} = \frac{S_{XY}}{S_X^2} = \frac{35{,}76}{33{,}29} = 1{,}074,$$

$$\hat{a} = \bar{y} - \hat{b}\bar{x} = 50{,}4 - 1{,}074 \cdot 10{,}1 = 39{,}55.$$

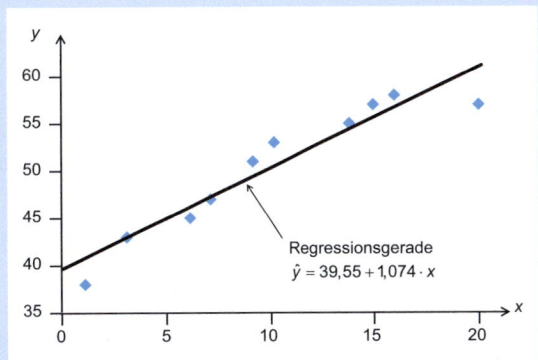

Abb. 9.3 Werbeaufwand – Regressionsgerade

Interpretation: Eine Steigerung der Werbeausgaben um 100.000 € führt *im Durchschnitt* zu einem zusätzlichen Umsatz von 1,074 Mio. €. Mit anderen Worten: Ein zusätzlicher Euro in der Werbung bringt durchschnittlich 10,74 € zusätzlichen Umsatz. ◂

Achtung Die berechnete Regressionsgerade kann in erster Linie für solche x-Werte der unabhängigen Variablen sinnvoll interpretiert werden, die nicht allzu weit vom Bereich der beobachteten x-Werte liegen, im Beispiel also etwa für $0 \leq x \leq 25$. ◂

9.2 Bestimmtheitsmaß

Wie gut eine lineare Regression zu den Daten passt, wird durch das Bestimmtheitsmaß R^2 gemessen. Sei

$$\hat{y}_i = \hat{a} + \hat{b} x_i$$

der zu x_i gehörige y-Wert auf der Regressionsgeraden. Die Punkte $(x_i, \hat{y}_i)$ liegen also exakt auf der Regressionsgeraden, und es gilt

$$y_i = \hat{a} + \hat{b} x_i + u_i = \hat{y}_i + u_i.$$

Die $\hat{y}_i$ nennt man die **durch die Regression erklärten** Werte von Y, im Gegensatz zu den beobachteten Werten y_i von Y. Die empirischen Varianzen der $\hat{y}_i$ und der y_i sind

$$S_{\hat{y}}^2 = \frac{1}{n} \sum_{i=1}^{n} \left(\hat{y}_i - \bar{\hat{y}} \right)^2 \quad \text{bzw.} \quad S_y^2 = \frac{1}{n} \sum_{i=1}^{n} (y_i - \bar{y})^2.$$

Sie werden als **erklärte Varianz** bzw. als **beobachtete Varianz** bezeichnet. Der Quotient aus diesen beiden,

$$R^2 = \frac{S_{\hat{y}}^2}{S_y^2},$$

ist das **Bestimmtheitsmaß** der linearen Regression. Es gilt

$$R^2 = \frac{S_{XY}^2}{S_X^2 S_Y^2} \quad \text{und} \quad 0 \leq R^2 \leq 1.$$

Dabei besagt $R^2 = 1$, dass erklärte und beobachtete Varianz übereinstimmen und die beobachteten Punkte (x_i, y_i) bereits alle auf der Regressionsgeraden liegen.

$R^2 = 0$ besagt, dass die lineare Regression nichts von der Variation der y_i erklärt und die Regressionsgerade waagerecht verläuft.

Achtung In Anwendungen besteht in der Regel kein exakter linearer Zusammenhang zwischen den beobachteten x_i und y_i; das Bestimmtheitsmaß R^2 liegt dann mehr oder weniger nahe bei 1, was als stärkerer bzw. schwächerer linearer Zusammenhang interpretiert wird. Einen festen Schwellenwert für R^2 gibt es allerdings nicht. ◀

B 9.2 Werbeaufwand (2)

Das Bestimmtheitsmaß R^2 ist zu berechnen.

Wir haben oben bereits $\bar{y} = 50{,}4$, $S_X^2 = 33{,}29$ und $S_{XY} = 35{,}76$ ausgerechnet, ferner ist

$$S_Y^2 = \frac{1}{10}\sum_{i=1}^{10}(y_i - 50{,}4)^2 = 42{,}24,$$

also

$$R^2 = \frac{S_{XY}^2}{S_X^2 S_Y^2} = \frac{35{,}76^2}{33{,}29 \cdot 42{,}24} = 0{,}9094. \quad ◀$$

9.3 Regression mit Zufallsgrößen

Bisher haben wir den Zusammenhang der Daten durch eine Gerade lediglich *beschrieben*, die durch die Kleinst-Quadrate-Methode bestimmt wurde. Die Restgrößen (Störungen) $u_i = y_i - \hat{y}_i$ wurden quadriert, und ihre Summe wurde minimiert, sodass die beobachteten y-Werte y_i insgesamt möglichst wenig von den durch die Gerade erklärten Werten $\hat{y}_i$ abwichen. Wir konnten zwar mithilfe des Bestimmtheitsmaßes R^2 messen, ob eine Gerade mehr oder weniger zu den Daten „passt"; wir konnten jedoch keine quantitativen Aussagen darüber machen, wie genau letztlich die berechneten Werte der Steigung $\hat{b}$ und des Achsenabschnitts $\hat{a}$ der Geraden sind.

Im Folgenden werden wir die Restgrößen als Zufallsgrößen auffassen, sodass wir mithilfe von Wahrscheinlichkeitsrechnung und statistischem Schließen Konfidenzintervalle und Tests für $\hat{b}$ und $\hat{a}$ erhalten.

Die Restgrößen seien nun Zufallsgrößen U_i, ebenso werden die beobachteten y-Werte als Realisationen von Zufallsgrößen Y_i aufgefasst.

Das **Regressionsmodell** lautet:

$$Y_i = a + b x_i + U_i \quad \text{für } i = 1, 2, \ldots, n.$$

Man trifft dabei folgende Annahmen:

- Für die Erwartungswerte der Störungen: $E(U_i) = 0$, $i = 1, 2, \ldots, n$,
- für die Varianzen der Störgrößen: $\text{Var}(U_i) = \sigma^2$, $i = 1, 2, \ldots, n$,
- für die Kovarianzen der Störgrößen: $\text{Cov}(U_i, U_j) = 0$, für alle $i \neq j$.

Das heißt, die Störungen sind jeweils im Mittel null, sie haben alle die gleiche Streuung und sind untereinander unkorreliert.

Tipp

Was bedeutet **Kovarianz**?

Die Kovarianz ist ein Maß für den linearen Zusammenhang zwischen zwei Zufallsgrößen:

$$\text{Cov}(U_i, U_j) = E\left[(U_i - E(U_i)) \cdot (U_j - E(U_j))\right]$$

Wenn $\text{Cov}(U_i, U_j) = 0$ ist, so sind die beiden Störungen unkorreliert; es existiert keinerlei linearer Zusammenhang zwischen ihnen.

Zur Erinnerung: Wir verwenden *große Buchstaben* zur Bezeichnung von Zufallsgrößen und *kleine Buchstaben* für ihre konkrete Realisierung.

Das Schätzproblem

Die Regressionskoeffizienten a und b sollen aus den gegebenen Daten $(x_1, y_1), \ldots, (x_n, y_n)$ geschätzt werden.

Als Schätzer nimmt man die Kleinst-Quadrate-Schätzer $\hat{a}$ und $\hat{b}$; diese sind jetzt ebenfalls Zufallsgrößen. Als Punktschätzer sind sie

- erwartungstreu: $E[\hat{a}] = a$, $E[\hat{b}] = b$,
- konsistent: mit wachsender Stichprobe konvergiert $\hat{a}$ nach Wahrscheinlichkeit gegen a, und ebenso $\hat{b}$ gegen b.

Schätzung der Residualvarianz

Die Varianz der Störvariablen, $\text{Var}(U_i) = \sigma^2$, lässt sich ebenfalls schätzen:

$$\hat{\sigma}^2 = \frac{1}{n-2}\sum_{i=1}^{n}(y_i - \hat{y}_i)^2 = \frac{1}{n-2}\sum_{i=1}^{n}\underbrace{\left(y_i - \left(\hat{a} + \hat{b}x_i\right)\right)^2}_{\text{Quadrat der Abweichungen der geschätzten Werte von den gemessenen Werten}}.$$

Durch Umformung erhält man

$$\hat{\sigma}^2 = \frac{n}{n-2}\left(S_Y^2 - \frac{(S_{XY})^2}{S_X^2}\right) \quad \text{mit} \quad S_Y^2 = \frac{1}{n}\sum_{i=1}^{n}(y_i - \bar{y})^2.$$

Der Schätzer $\hat{\sigma}^2$ ist erwartungstreu und konsistent für σ^2.

$\sigma = \sqrt{\sigma^2}$ heißt **Standardfehler der Regression**; er wird durch $\hat{\sigma} = \sqrt{\hat{\sigma}^2}$ geschätzt.

> **B 9.3 Werbeaufwand (3)**
>
> $$S_X^2 = 33{,}29, \quad S_{XY} = 35{,}76, \quad S_Y^2 = 42{,}24,$$
>
> $$\hat{\sigma}^2 = \frac{10}{8}\left(42{,}24 - \frac{(35{,}76)^2}{33{,}29}\right) = 4{,}78 \quad \blacktriangleleft$$

Varianzen der KQ-Schätzer

Die Varianzen der KQ-Schätzer $\hat{a}$ und $\hat{b}$ sind gegeben durch

$$\sigma_{\hat{a}}^2 = \sigma^2 \frac{\frac{1}{n}\sum_{i=1}^{n} x_i^2}{\sum_{i=1}^{n}(x_i - \bar{x})^2} = \sigma^2 \frac{S_X^2 + \bar{x}^2}{n \cdot S_X^2}$$

und

$$\sigma_{\hat{b}}^2 = \sigma^2 \frac{1}{\sum_{i=1}^{n}(x_i - \bar{x})^2} = \frac{\sigma^2}{n \cdot S_X^2}.$$

Die Varianzen der Regressionskoeffizienten enthalten die (unbekannte!) Varianz σ^2 der Störgrößen. Um sie zu schätzen, setzen wir für σ^2 die geschätzte Varianz $\hat{\sigma}^2$ ein.

Als Schätzer für die Standardabweichungen von $\hat{a}$ und $\hat{b}$ erhalten wir demnach (jetzt mit „Dach" und ohne Quadrierung!)

$$\hat{\sigma}_{\hat{a}} = \hat{\sigma} \sqrt{\frac{\frac{1}{n}\sum_{i=1}^{n} x_i^2}{\sum_{i=1}^{n}(x_i - \bar{x})^2}} = \hat{\sigma} \sqrt{\frac{S_X^2 + \bar{x}^2}{n \cdot S_X^2}}$$

und

$$\hat{\sigma}_{\hat{b}} = \hat{\sigma} \frac{1}{\sqrt{\sum_{i=1}^{n}(x_i - \bar{x})^2}} = \hat{\sigma} \frac{1}{\sqrt{n \cdot S_X^2}}.$$

> **B 9.4 Werbeaufwand (4)**
>
> Wir berechnen den Standardfehler der Parameterschätzer:
>
> $$\bar{x} = 10{,}1, \quad S_X^2 = 33{,}29, \quad \hat{\sigma}^2 = 4{,}78,$$
>
> $$\hat{\sigma}_{\hat{b}} = \hat{\sigma} \frac{1}{\sqrt{n \cdot S_X^2}} = \frac{\sqrt{4{,}78}}{\sqrt{10 \cdot 33{,}29}} = 0{,}12,$$
>
> $$\hat{\sigma}_{\hat{a}} = \hat{\sigma} \sqrt{\frac{S_X^2 + \bar{x}^2}{n \cdot S_X^2}} = \sqrt{\frac{4{,}78 \cdot (33{,}29 + 10{,}1^2)}{10 \cdot 33{,}29}}$$
>
> $$= 1{,}39. \quad \blacktriangleleft$$

Darstellung der geschätzten Regression

Üblicherweise werden der Gleichung der geschätzten Regressionsgeraden die geschätzten Standardabweichungen der Regressionskoeffizienten in eckigen Klammern hinzugefügt:

$$\hat{y} = \hat{a} + \hat{b} \cdot x$$
$$[\hat{\sigma}_{\hat{a}}] \quad [\hat{\sigma}_{\hat{b}}]$$

> **B 9.5 Werbeaufwand (5)**
>
> Im Beispiel Werbeaufwand wird das Ergebnis der Regression wie folgt dargestellt:
>
> $$\hat{y} = 39{,}55 + 1{,}074\, x_2.$$
> $$\quad [1{,}39] \quad\, [0{,}12] \qquad \blacktriangleleft$$

Das lineare Regressionsmodell

$$Y_i = a + bx_i + U_i \quad \text{für } i = 1, 2, \ldots, n,$$

bei dem die U_i und die Y_i Zufallsgrößen sind, erlaubt nicht nur die Berechnung von Standardfehlern für die geschätzten Regressionskoeffizienten $\hat{a}$ und $\hat{b}$, sondern, wenn man zusätzlich die U_i als normalverteilt annimmt, auch die Bestimmung von Konfidenzintervallen für die Modellparameter a und b und die Durchführung von Tests über sie.

Intervallschätzung der Regressionskoeffizienten

Annahme: Die zufälligen Störungen seien normalverteilt:

$$U_i \sim N(0, \sigma^2).$$

In diesem Fall sind auch die Zufallsgrößen Y_i normalverteilt (Abb. 9.4), und zwar mit Erwartungswert $a+bx_i$ und Varianz σ^2:

$$Y_i \sim N(a + bx_i, \sigma^2).$$

Da die KQ-Schätzer linear von den Y_i abhängen, sind sie dann ebenfalls normalverteilt.

Für die Ermittlung der Konfidenzintervalle zum Konfidenzniveau $1 - \alpha$ verwenden wir die Quantile $t_{n-2, 1-\alpha/2}$ der Student-

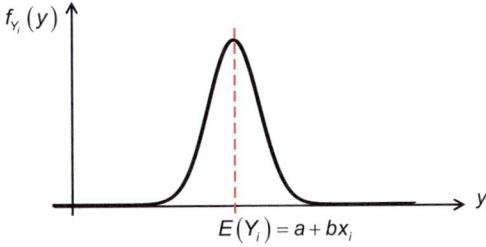

Abb. 9.4 Wahrscheinlichkeitsdichte der beobachteten Zufallsgrößen Y_i

Verteilung und erhalten:

$$\hat{b} - t_{n-2;1-\alpha/2} \cdot \hat{\sigma}_{\hat{b}} \leq b \leq \hat{b} + t_{n-2;1-\alpha/2} \cdot \hat{\sigma}_{\hat{b}}$$
oder $\quad \hat{b} \mp t_{n-2;1-\alpha/2} \cdot \hat{\sigma}_{\hat{b}}$,

$$\hat{a} - t_{n-2;1-\alpha/2} \cdot \hat{\sigma}_{\hat{a}} \leq a \leq \hat{a} + t_{n-2;1-\alpha/2} \cdot \hat{\sigma}_{\hat{a}}$$
oder $\quad \hat{a} \mp t_{n-2;1-\alpha/2} \cdot \hat{\sigma}_{\hat{a}}$,

wobei $\hat{a}$ und $\hat{b}$ die Werte aus der Punktschätzung nach der Methode der kleinsten Quadrate und $\hat{\sigma}_{\hat{a}}$ und $\hat{\sigma}_{\hat{b}}$ ihre geschätzten Standardfehler sind.

B 9.6 Werbeaufwand (6)

Wir wollen Konfidenzintervalle für a und b zum Konfidenzniveau 0,95 bestimmen.

$$1 - \alpha = 0{,}95 \rightarrow 1 - \alpha/2 = 0{,}975,$$
$$t_{8;0{,}975} = 2{,}306,$$

(siehe Tabelle der t-Verteilung in Abb. 7.7, grün-umrandetes Feld)

$$\hat{b} = 1{,}074, \hat{\sigma}_{\hat{b}} = 0{,}12,$$
$$\hat{a} = 39{,}55, \hat{\sigma}_{\hat{a}} = 1{,}39.$$

Die konkreten Konfidenzgrenzen für b bzw. a lauten:

$$1{,}074 \mp 2{,}306 \cdot 0{,}12 = 1{,}074 \mp 0{,}277,$$
$$b \in [0{,}797; 1{,}351],$$
$$39{,}55 \mp 2{,}306 \cdot 1{,}39 = 39{,}55 \mp 3{,}205,$$
$$a \in [36{,}345; 42{,}755]. \quad \blacktriangleleft$$

Tests über die Regressionskoeffizienten

Es kann sein, dass eine lineare Regression von Y auf X überhaupt nichts zur Erklärung der Schwankungen von Y beiträgt. Dies ist der Fall, wenn die Regressionsgerade waagerecht verläuft, d. h. $b = 0$ ist.

Die Hypothese $b = 0$ kann man anhand der Daten testen und dabei ggf. die Gegenhypothese $b \neq 0$ statistisch sichern.

Auch Hypothesen wie $b \geq 1$ oder $a < 0$ können in Anwendungen interessant sein und entsprechend getestet werden.

Wir fassen diese Tests in den Tab. 9.1 und 9.2 zusammen; dabei stellen a_0 und b_0 irgendwelche vorweg gegebenen Zahlen dar.

─── **Tipp** ───
Zur Erinnerung: Wenn der Statistiker seine Vermutung durch einen Test bestätigen will, so muss er sie als Gegenhypothese H_1 formulieren.

B 9.7 Werbeaufwand (7)

Wir möchten jetzt nachweisen, dass der Werbeaufwand X einen signifikanten Einfluss auf den Umsatz Y hat, mit anderen Worten, dass $b \neq 0$ ist. Das Signifikanzniveau sei gleich 0,05.

Also formulieren wir diese Aussage als Gegenhypothese und testen

$$H_0: b = b_0 \quad \text{gegen} \quad H_1: b \neq b_0.$$

Die Nullhypothese H_0 wird abgelehnt, wenn die Testgröße T dem Betrag nach größer als das Quantil

$$t_{n-2,1-\alpha/2} = t_{8,0{,}975} = 2{,}306$$

ist (siehe die Tabelle der t-Verteilung in Abb. 7.7, grün-umrandetes Feld). Wegen $\hat{b} = 1{,}074, b_0 = 0$ und $\hat{\sigma}_{\hat{b}} = 0{,}12$ hat die Testgröße den Wert

$$T = \frac{\hat{b} - b_0}{\hat{\sigma}_{\hat{b}}} = \frac{1{,}074}{0{,}12} = 8{,}95.$$

Da $|T| = |8{,}95| > 2{,}306$ ist, lehnen wir die Nullhypothese ab. Die Gegenhypothese $H_1 : b \neq b_0$ ist damit auf dem Niveau 5 % statistisch gesichert. $\quad \blacktriangleleft$

B 9.8 Werbeaufwand (8)

Weiterhin möchten wir nachweisen, dass sich bei Erhöhung des Werbeaufwands um 100.000 € der Umsatz um mehr als 400.000 € erhöht, also $b > 0{,}4$ ist. Die zulässige Irrtumswahrscheinlichkeit sei $\alpha = 0{,}01$.

Wir testen $H_0^+: b \leq 0{,}4$ gegen $H_1^+: b > 0{,}4$. Dabei ist

$$b_0 = \frac{\Delta y \,[\text{Mio. €}]}{\Delta x \,[100.000\,\text{€}]} = \frac{0{,}4\,[\text{Mio. €}]}{1\,[100.000\,\text{€}]} = 0{,}4.$$

H_0^+ wird abgelehnt, wenn die Testgröße T das kritische Quantil übersteigt. Der Tabelle in Abb. 7.7, blau-umrandetes Feld, entnehmen wir $t_{n-2,1-\alpha} = t_{8,0{,}99} = 2{,}896$. Die Testgröße hat den Wert

$$T = \frac{\hat{b} - b_0}{\hat{\sigma}_{\hat{b}}} = \frac{1{,}074 - 0{,}4}{0{,}12} = 5{,}62,$$

und dieser übersteigt das kritische Quantil: $T = 5{,}62 > 2{,}896$. Die Hypothese, dass $b > 0{,}4$ ist, haben wir damit auf einem Niveau von 1 % gesichert. $\quad \blacktriangleleft$

Tab. 9.1 Tests für den Koeffizienten a

Nullhypothese	$H_0: a = a_0$	$H_0^+: a \leq a_0$	$H_0^-: a \geq a_0$
Gegenhypothese	$H_1: a \neq a_0$	$H_1^+: a > a_0$	$H_1^-: a < a_0$
Testgröße	$T = \frac{\hat{a}-a_0}{\hat{\sigma}_{\hat{a}}} = \frac{\hat{a}-a_0}{\sigma}\sqrt{\frac{ns_x^2}{s_x^2+\bar{x}^2}} \sim t_{n-2}$ unter H_0		
H_0 wird abgelehnt, falls	$\|T\| \geq t_{n-2,1-\alpha/2}$	$T > t_{n-2,1-\alpha}$	$T < -t_{n-2,1-\alpha}$
$t_{n-1,\beta}$ – Quantile der Student-Verteilung			

Tab. 9.2 Tests für den Koeffizienten b

Nullhypothese	$H_0: b = b_0$	$H_0^+: b \leq b_0$	$H_0^-: b \geq b_0$
Gegenhypothese	$H_1: b \neq b_0$	$H_1^+: b > b_0$	$H_1^-: b < b_0$
Testgröße	$T = \frac{\hat{b}-b_0}{\hat{\sigma}_{\hat{b}}} = \frac{\hat{b}-b_0}{\sigma}\sqrt{ns_x^2} \sim t_{n-2}$ unter H_0		
H_0 wird abgelehnt, falls	$\|T\| \geq t_{n-2,1-\alpha/2}$	$T > t_{n-2,1-\alpha}$	$T < -t_{n-2,1-\alpha}$
$t_{n-1,\beta}$ – Quantile der Student-Verteilung			
Am wichtigsten ist der Test auf $H_0: b = 0$ gegen $H_1: b \neq 0$. Mit ihm überprüft man, ob zwischen X und Y überhaupt ein linearer Zusammenhang besteht.			

9.4 Prognose aufgrund einer linearen Regression

Wenn man auf Basis der Stichprobe $(x_1, y_1), \ldots, (x_n, y_n)$ eine lineare Regression von Y auf X geschätzt hat, kann man versuchen, diese für weitere Werte der x-Variablen zu extrapolieren.

Bezeichne x_{n+1} einen weiteren Wert von X. Als entsprechenden Wert von Y extrapoliert man

$$\hat{Y}_{n+1} = \hat{a} + \hat{b} \cdot x_{n+1}.$$

Da $\hat{a}$ und $\hat{b}$ Schätzer sind, ist auch $\hat{Y}_{n+1}$ eine Zufallsgröße. $Y_{n+1} = a + bx_{n+1} + U_{n+1}$ bezeichnet den unbekannten Beobachtungswert von Y an dieser Stelle; er weicht um die (nicht beobachtbare) Störgröße U_{n+1} vom entsprechenden Wert $a + bx_{n+1}$ auf der Geraden ab (Abb. 9.5). Die Abweichung des extrapolierten Wertes vom unbekannten Beobachtungswert ist gleich

$$\hat{Y}_{n+1} - Y_{n+1} = \hat{a} + \hat{b}x_{n+1} - (a + bx_{n+1} + U_{n+1})$$
$$= \hat{a} - a + (\hat{b} - b)x_{n+1} - U_{n+1}.$$

Da die Extrapolation häufig eine **Prognose** ist, also Werte von X und Y zu einem späteren Zeitpunkt betrifft, nennt man die Abweichung $\hat{Y}_{n+1} - Y_{n+1}$ auch **Prognosefehler**.

Der Prognosefehler hat den Erwartungswert $E\left[\hat{Y}_{n+1} - Y_{n+1}\right] = 0$; die Prognose ist also unverzerrt in Bezug auf den „wahren" Wert von Y.

Seine Varianz ist

$$\text{Var}\left(\hat{Y}_{n+1} - Y_{n+1}\right) = \sigma^2 \cdot \left[1 + \frac{1}{n} + \frac{1}{nS_X^2}(x_{n+1} - \bar{x})^2\right].$$

Achtung Die Prognose ist daher an der Stelle $x_{n+1} = \bar{x}$ am genauesten. Sie streut umso mehr, je weiter x_{n+1} von $\bar{x}$ entfernt ist. Daher ist große Vorsicht angebracht, wenn man die Regressionsgerade zum Extrapolieren verwendet. Offensichtlich ist der berechnete lineare Zusammenhang umso weniger empirisch gestützt, je weiter man sich von $\bar{x}$, also dem Zentrum der Daten, entfernt. ◀

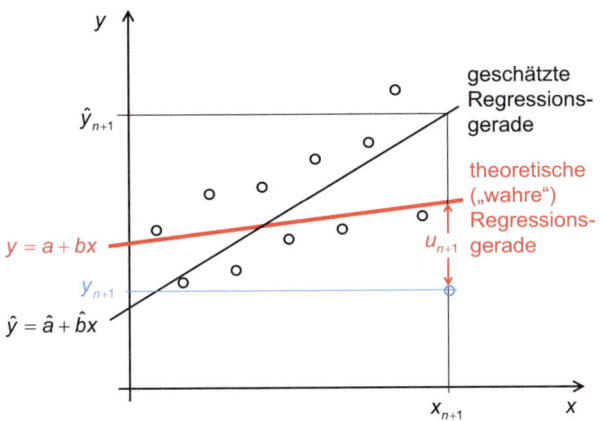

Abb. 9.5 Prognose für $\hat{y}_{n+1}$ für y_{n+1} unter der Bedingung, dass $X = x_{n+1}$

9.5 Mehrfache Regression

Bei der mehrfachen linearen Regression wird die Abhängigkeit eines Merkmals Y von mehreren Merkmalen $X_1, X_2, \ldots, X_m$ durch eine lineare Beziehung dargestellt.

Die abhängige Variable wird auch hier als Regressand bezeichnet, die unabhängigen Variablen $X_1, X_2, \ldots, X_m$ als Regressoren.

Das **multiple lineare Regressionsmodell** lautet

$$Y_i = a + b_1 x_{i1} + b_2 x_{i2} + \ldots + b_m x_{im} + U_i, \quad i = 1, \ldots, n,$$

mit Regressionskoeffizienten $a, b_1, b_2, \ldots, b_m$. Die U_i werden wie bisher als Störgrößen oder Reste bezeichnet. Die Koeffizienten werden wie bei der einfachen linearen Regression so bestimmt, dass die Summe der quadrierten Abweichungen der beobachteten von den regressierten y-Werten minimal wird (**KQ-Methode**). Ebenso lassen sich für jeden Parameter Konfidenzintervalle berechnen und statistische Tests durchführen. Für die nötigen Berechnungen stehen zahlreiche Computerprogramme zur Verfügung.

B 9.9 Einfluss von Preis und Werbeaufwand

Der Umsatz (Y, in Mio. €) eines Produzenten in einem bestimmten Produkt hängt einerseits vom Preis (X_1, in €), andererseits von der Höhe des Werbebudgets (X_2, in 100.000 €) ab. Der Produzent möchte mithilfe einer linearen Regression diese Einflüsse quantifizieren.

Er schätzt auf Basis einer Stichprobe $(x_{11}, x_{12}, y_1), \ldots,$ (x_{n1}, x_{n2}, y_2) und mit dem Ansatz

$$Y_i = a + b_1 x_{i1} + b_2 x_{i2} + U_i$$

die Parameter a, b_1 und b_2. Das Ergebnis der Regression sei

$$\hat{y} = 136{,}54 - 0{,}118\, x_1 + 1{,}043\, x_2.$$
$$\quad\; [93{,}22] \quad\; [0{,}054] \quad\; [0{,}011]$$

Es besagt, dass eine Verringerung des Preises um 1 € den Umsatz durchschnittlich um 0,118 Mio. € erhöht und dass ein zusätzlicher Werbeaufwand von 100.000 € im Durchschnitt einen zusätzlichen Umsatz von 1,043 Mio. € erbringt. ◀

Anhang A – Ausgewählte mathematische Grundlagen

Summen

$$S = x_1 + x_2 + x_3 + x_4$$

Beispiel

$$x_1 = 2; \quad x_2 = 3; \quad x_3 = 5; \quad x_4 = 8$$
$$S = 2 + 3 + 5 + 8 = 18 \quad \blacktriangleleft$$

Kurzschreibweise

$$S = \sum_{i=1}^{4} x_i$$

Beispiel

$$x_1 = 2; \quad x_2 = 3; \quad x_3 = 5; \quad x_4 = 8$$
$$S = \sum_{i=1}^{4} x_i = 18 \quad \blacktriangleleft$$

Allgemeine Summe

$$S = x_1 + x_2 + x_3 + \ldots + x_n = \sum_{i=1}^{n} x_i$$

Spezielle Summen

$$\sum_{k=1}^{n} k = \frac{n(n+1)}{2}$$

$$\sum_{k=1}^{n} k^2 = \frac{n(n+1)(2n+1)}{6}$$

$$\sum_{k=1}^{n} k^3 = \frac{n^2(n+1)^2}{4}$$

Produkte

$$P = x_1 \cdot x_2 \cdot x_3 \cdot x_4$$

Beispiel

$$x_1 = 2; \quad x_2 = 3; \quad x_3 = 5; \quad x_4 = 8$$
$$P = 2 \cdot 3 \cdot 5 \cdot 8 = 240 \quad \blacktriangleleft$$

Kurzschreibweise

$$P = \prod_{i=1}^{4} x_i$$

Beispiel

$$x_1 = 2; \quad x_2 = 3; \quad x_3 = 5; \quad x_4 = 8$$
$$P = \prod_{i=1}^{4} x_i = 240 \quad \blacktriangleleft$$

Allgemeines Produkt

$$P = x_1 \cdot x_2 \cdot x_3 \cdot \ldots \cdot x_n = \prod_{i=1}^{n} x_i$$

Fakultät

$$1 \cdot 2 \cdot 3 \cdot \ldots \cdot n = \prod_{i=1}^{n} i = n! \quad \text{Sprich: } n \text{ Fakultät}$$

Beispiel

$$P = 1 \cdot 2 \cdot 3 \cdot 4 \cdot 5 \cdot 6 \cdot 7 \cdot 8 \cdot 9 \cdot 10 = \prod_{i=1}^{10} i = 10!$$
$$= 3.628.800 \quad \blacktriangleleft$$

Beachte: Für $i = 0$ erhalten wir ein „leeres Produkt"; es hat *per definitionem* den Wert 1. Also gilt: $0! = 1$.

Euler'sche Zahl

$$e = \frac{1}{0!} + \frac{1}{1!} + \frac{1}{2!} + \frac{1}{3!} + \frac{1}{4!} + \ldots$$
$$= \sum_{k=1}^{\infty} \frac{1}{k!} = 2,718281828459045235\ldots$$

Das Zeichen ∞ steht für „unendlich".

Kombinatorik

In einer Urne befinden sich n Kugeln, die mit den Ziffern $1, 2, \ldots, n$ beschriftet sind. Aus dieser Urne entnehmen wir k Kugeln.

Spielt die **Reihenfolge** der Entnahme *keine* Rolle (Abb. A.1), so sprechen wir von einer **Kombination** von k aus n Elementen. Man sagt dazu auch Kombination aus n Elementen zur k-ten Klasse.

Beispiel

$n = 4$, $k = 2$, (Abb. A.1, Abb. A.2)

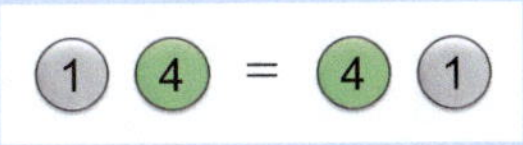

Abb. A.1 Kombination von 2 aus 4 Elementen: Reihenfolge spielt *keine* Rolle

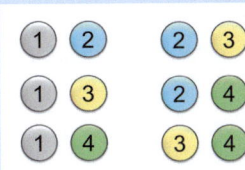

Abb. A.2 Kombinationen von 2 aus 4 Elementen ohne Wiederholung ◂

Des Weiteren müssen wir noch unterscheiden, ob sich die Elemente wiederholen dürfen (also jede gezogene Kugel sofort wieder in die Urne zurückgelegt wird) oder ob Wiederholungen ausgeschlossen sind.

Anzahl der **Kombinationen** von k aus n Elementen (zur k-ten Klasse) **ohne Wiederholung**:

$$K_n^k = \binom{n}{k} = \frac{n!}{k! \cdot (n-k)!}$$

Beispiel

$n = 4;\ k = 2$

$$K_4^2 = \binom{4}{2} = \frac{4!}{2! \cdot 2!} = 6$$

(Siehe auch Abb. A.2.) ◂

Anzahl der **Kombinationen** von k aus n Elementen **mit Wiederholung** (Abb. A.3):

$$\overline{K_n^k} = \binom{n+k-1}{k} = \frac{(n+k-1)!}{k!\,(n-1)!}$$

Beispiel

$n = 4;\ k = 2$

$$\overline{K_4^2} = \binom{4+2-1}{2} = \frac{5!}{2! \cdot 3!} = 10$$

(siehe auch Abb. A.3)

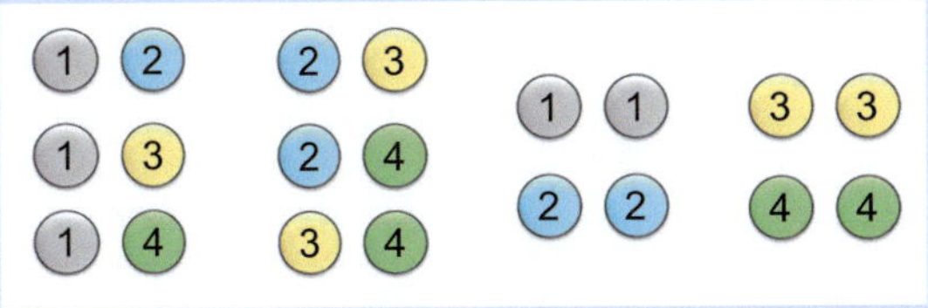

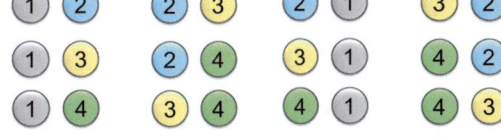

Abb. A.3 Kombinationen von 2 aus 4 Elementen mit Wiederholung ◂

Spielt die **Reihenfolge** eine Rolle (Abb. A.4), so sprechen wir von einer **Variation** von k aus n Elementen. Man sagt dazu auch Variation aus n Elementen zur k-ten Klasse.

Beispiel

$n = 4$, $k = 2$ (Abb. A.4, Abb. A.5)

Abb. A.4 Variation von 2 aus 4 Elementen: Reihenfolge spielt eine Rolle

Abb. A.5 Variationen von 2 aus 4 Elementen ohne Wiederholung ◂

Anzahl der **Variationen** von k aus n Elementen **ohne Wiederholung**:

$$V_n^k = \binom{n}{k} \cdot k! = \frac{n!}{(n-k)!}$$

Beispiel

$n = 4;\ k = 2$

$$V_4^2 = \binom{4}{2} \cdot 2! = \frac{4!}{2!} = 12$$

(Siehe auch Abb. A.5.) ◂

Anzahl der **Variationen** von k aus n Elementen **mit Wiederholung**:

$$\overline{V_n^k} = n^k$$

Beispiel

$n = 4$, $k = 2$, $\overline{V_2^4} = 4^2 = 16$, (Abb. A.6)

Abb. A.6 Variationen von 2 aus 4 Elementen mit Wiederholung ◀

Ist bei einer **Variation** $k = n$ und spielt die **Reihenfolge** eine Rolle (Abb. A.7), so sprechen wir von einer **Permutation**.

Beispiel

$n = k = 3$, (Abb. A.7, Abb. A.8)

Abb. A.7 Permutation: Reihenfolge der Ziehung spielt eine Rolle

Abb. A.8 Permutationen von 3 Elementen ◀

Anzahl der **Permutationen** von n Elementen:

$$P_n = n!$$

Beispiel

$$n = 3$$
$$P_3 = 3! = 6$$

(Siehe auch Abb. A.8.) ◀

Potenzen und Logarithmen

Potenzen mit ganzzahligem Exponenten sind wie folgt definiert:

$$a^n = \prod_{i=1}^{n} a \quad \text{für} \quad a \in \mathbb{R}, n \in \mathbb{N},$$
$$a^0 = 1 \quad \text{für} \quad a \neq 0,$$
$$a^{-n} = \frac{1}{a^n} \quad \text{für} \quad a \neq 0, n \in \mathbb{N}.$$

Auch eine beliebige reelle Zahl x kann im Exponenten stehen; dann muss allerdings die Basis a eine positive Zahl sein:

$$a^x = e^{x \cdot \ln a} \quad \text{für } a > 0, \ x \in \mathbb{R}.$$

Beispiel

$$10^3 = \prod_{i=3}^{3} 10 = 10 \cdot 10 \cdot 10 = 1000 \quad ◀$$

$$a^x \cdot a^y = a^{x+y}$$

Beispiel

$$10^3 \cdot 10^2 = 10^5 = 100.000 \quad ◀$$

$$(a^x)^y \cdot a^{x \cdot y}$$

Beispiel

$$\left(10^3\right)^2 = 10^{3 \cdot 2} = 10^6 = 1.000.000 \quad ◀$$

$$x = \log_a y \Leftrightarrow a^x = y \quad \text{für } a > 0, y > 0,$$
$$\ln y = \log_e y,$$
$$\lg y = \log_{10} y.$$

Beispiel

$$3 = \log_{10} 1000 = \lg 1000 \Leftrightarrow 10^3 = 1000 \quad ◀$$

$$\log_a (A \cdot B) = \log_a A + \log_a B$$

Beispiel

$$\lg (100 \cdot 10) = \lg 100 + \lg 10 = 2 + 1 = 3 \quad ◀$$

$$\log_a\left(\frac{A}{B}\right) = \log_a A - \log_a B$$

Beispiel

$$\lg\left(\frac{100}{10}\right) = \lg 100 - \lg 10 = 2 - 1 = 1 \quad \blacktriangleleft$$

$$\log_a b^x = x \cdot \log_a b \quad \text{für} \quad a > 0,\, b > 0,\, x \in \mathbb{R}$$

Beispiel

$$\lg 10^3 = 3 \cdot \lg 10 = 3 \cdot 1 = 3 \quad \blacktriangleleft$$

$$\log_a x = \frac{\log_b x}{\log_b a}$$

Beispiel

$$\log_{10} 1000 = \frac{\log_e 1000}{\log_e 10} = \frac{\ln 1000}{\ln 10} = \frac{6{,}9}{2{,}3} = 3 \quad \blacktriangleleft$$

Prozente

Zahlenangaben in Prozent machen Größenverhältnisse vergleichbar, indem die Größen zu einem einheitlichen Grundwert ($= 100$) ins Verhältnis gesetzt werden. Deshalb wird das Prozent (%) auch als Maßeinheit für Verhältnisgrößen verwendet.

Beispiel

Von den $E = 780$ Einwohnern eines Dorfes sind $F = 429$ Frauen (Abb. A.9).

Man berechnet $\frac{F}{E} \cdot 100\,\% = \frac{429}{780} \cdot 100\,\% = 55\,\%$. Damit beträgt der Frauenanteil 55 %.

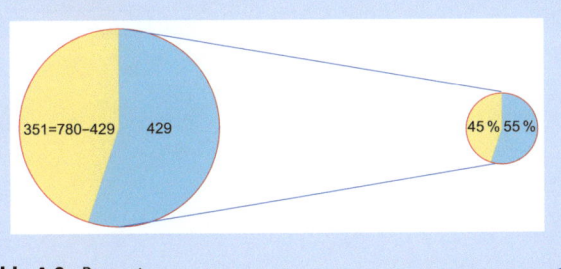

Abb. A.9 Prozent $\quad \blacktriangleleft$

Grenzwert einer Funktion

Eine Funktion sei in der Umgebung von x_0 definiert. Gilt dann für jede im Definitionsbereich der Funktion liegende und gegen die Stelle x_0 konvergierende Zahlenfolge $\langle x_n \rangle$, wobei alle $x_n \neq x_0$ seien, stets

$$\lim_{n\to\infty} f(x_n) = z,$$

so heißt z der Grenzwert von $y = f(x)$ für $x \to x_0$.

Anschaulich: Der Funktionswert $f(x)$ unterscheidet sich beliebig wenig vom Grenzwert z, wenn man der Stelle x_0 genügend nahe kommt.

Symbolische Schreibweise

$\lim_{x \to x_0} f(x) = z$. Sprich: Der Limes von $f(x)$ für x gegen x_0 ist gleich z.

Beispiel

$$y = f(x) = x^2$$

Wir nähern uns von links mit einer gegen $x_0 = 2$ konvergierenden Folge von x-Werten:

n	1	2	3	4	...
x_n	1,9	1,99	1,999	1,9999	...
$f(x_n)$	3,61	3,9601	3,99601	3,99960001	...

Beachte: Die entsprechende Konvergenz muss für jede gegen $x_0 = 2$ konvergierende Folge von x-Werten zutreffen! $\quad \blacktriangleleft$

Rechenregeln

Den Funktionsgrenzwert kann man mit den Grundrechnungsarten „vertauschen":

$$\lim_{x \to x_0} C \cdot [f(x) \pm g(x)] = C \cdot \left[\lim_{x \to x_0} f(x) \pm \lim_{x \to x_0} g(x)\right],$$

$$\lim_{x \to x_0} [f(x) \cdot g(x)] = \left[\lim_{x \to x_0} f(x)\right] \cdot \left[\lim_{x \to x_0} g(x)\right],$$

$$\lim_{x \to x_0} \frac{f(x)}{g(x)} = \frac{\lim_{x \to x_0} f(x)}{\lim_{x \to x_0} g(x)}.$$

Regel von L'Hospital

Falls bei der Bestimmung des Grenzwertes

$$\lim_{x \to x_0} \frac{f(x)}{g(x)}$$

ein unbestimmter Ausdruck des Typs $0/0$ oder ∞/∞ entsteht, so kann die folgende Regel von L'Hospital angewandt werden:

$$\lim_{x \to x_0} \frac{f(x)}{g(x)} = \lim_{x \to x_0} \frac{f'(x)}{g'(x)},$$

wobei $f'(x) = \frac{df(x)}{dx}$ die Ableitung der Funktion $f(x)$ nach x ist (▶ Abschn. „Ableitungen").

Entsteht wieder ein unbestimmter Ausdruck, so kann die Regel erneut angewandt werden.

Beispiel

Grenzwertermittlung mit der Regel von L'Hospital (Abb. A.10):

$$\lim_{x\to\infty}\frac{x^2+2x+1}{x^2} = \lim_{x\to\infty}\frac{2x+2}{2x} = \lim_{x\to\infty}\frac{2}{2} = 1$$

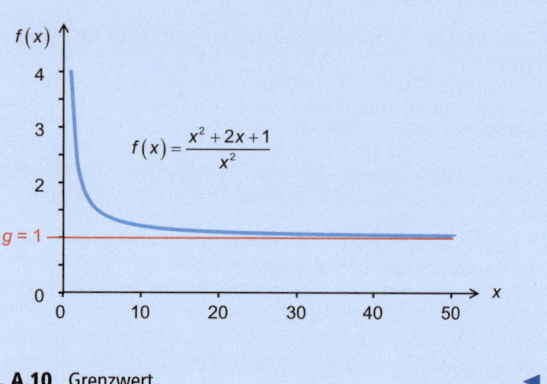

Abb. A.10 Grenzwert ◀

Ableitungen

Die **Ableitung** $F'(x) = dF(x)/dx$ einer Funktion $y = F(x)$ wird als Funktion von x betrachtet. Sie zeigt uns die Änderung der Funktion F in einem Punkt x, das ist die Steigung der Tangente an den Graphen der Funktion F im Punkt x.

Dazu betrachten wir den rot markierten Punkt $x = x_1$ in Abb. A.11 und setzen die Änderung Δy von y ins Verhältnis zur Änderung Δx von x.

In Abb. A.11 beginnen wir mit einem relativ großen Zuwachs Δx. Die Steigung der Geraden, die durch a und b verläuft, ist gleich $\Delta y / \Delta x$.

Abb. A.11 Ableitung (1)

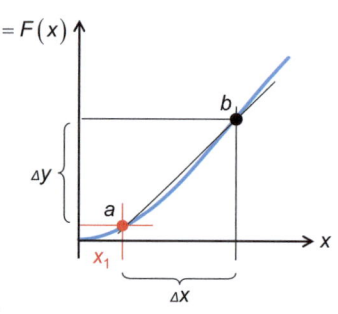

Abb. A.12 Ableitung (2)

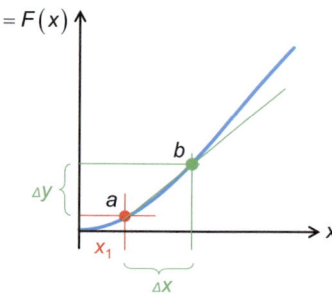

Abb. A.13 Ableitung (3)

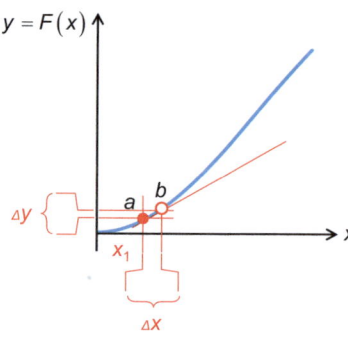

Nun lassen wir Δx immer kleiner werden. Wir sehen, dass sich die Steigung der Geraden durch a und b verändert (Abb. A.12).

Schließlich lassen wir Δx gegen null gehen ($\Delta x \to 0$). Die Gerade durch a und b wird zur Tangente und deren Steigung ist die Ableitung der Funktion im Punkt x_1 (Abb. A.13).

Damit ist die Ableitung gegeben als

$$\lim_{\Delta x \to 0} \frac{\Delta y}{\Delta x} = \frac{dy}{dx} = \frac{dF(x)}{dx} = f(x) = y'.$$

Beispiel

$$y = F(x) = x^2$$
$$F(x) = x^2; \quad F(x + \Delta x) = (x + \Delta x)^2$$
$$y' = \frac{dy}{dx} = \lim_{\Delta x \to 0} \frac{\Delta y}{\Delta x} = \lim_{\Delta x \to 0} \frac{F(x + \Delta x) - F(x)}{\Delta x}$$
$$= \lim_{\Delta x \to 0} \frac{(x + \Delta x)^2 - x^2}{\Delta x}$$
$$= \lim_{\Delta x \to 0} \frac{x^2 + 2x \cdot \Delta x + (\Delta x)^2 - x^2}{\Delta x}$$
$$= \lim_{\Delta x \to 0} (2x + \Delta x) = 2x$$

(Siehe Abb. A.14.)

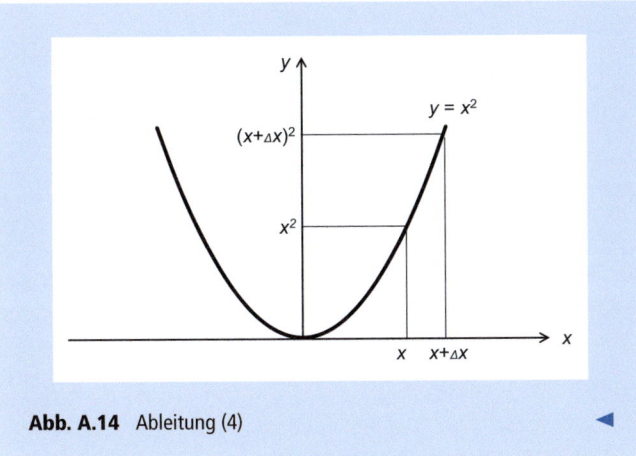

Abb. A.14 Ableitung (4)

Integrale

Die Umkehrung des Differenzierens ist die Integration. Man unterscheidet das unbestimmte und das bestimmte Integral.

Unbestimmtes Integral

Wir wollen aus der Ableitung $y' = f(x)$ die ursprüngliche Funktion $F(x)$ zurückgewinnen. Jede Funktion F, deren Ableitung die Funktion f ist, nennt man **Stammfunktion**[*] von f. Zwei Stammfunktionen einer gegebenen Funktion f unterscheiden sich nur durch eine Konstante. Den Ausdruck

$$\int f(x)dx = F(x) + C$$

bezeichnet man als **unbestimmtes Integral** von f. Dabei ist F eine irgendeine Stammfunktion von f und C eine beliebige Konstante. Das unbestimmte Integral steht also für sämtliche Stammfunktionen von f.

Die Ableitung einer konstanten Funktion ist bekanntlich gleich 0. Deshalb geht beim Differenzieren einer Funktion eine additive Konstante „verloren". Beim Integrieren berücksichtigt man die mögliche Existenz einer solchen Konstante, indem man der ermittelten Stammfunktion eine beliebige Konstante C hinzuaddiert.

---

[*] Etwas allgemeiner nennt man eine Funktion F auch dann Stammfunktion von f, wenn F an endlich vielen Ausnahmestellen nicht differenzierbar und f im Übrigen seine Ableitung ist. Insbesondere darf der Graph von F endlich viele Knicke aufweisen.

Verlust einer Konstanten beim Differenzieren

$$F(x) = 5 + x^2; \quad F(x + \Delta x) = 5 + (x + \Delta x)^2,$$

$$y' = \lim_{\Delta x \to 0} \frac{F(x + \Delta x) - F(x)}{\Delta x},$$

$$y' = \lim_{\Delta x \to 0} \frac{5 + (x + \Delta x)^2 - (5 + x^2)}{\Delta x}$$

$$= \lim_{\Delta x \to 0} \frac{(x + \Delta x)^2 - x^2}{\Delta x} = 2x.$$

(Siehe auch Abb. A.15.)

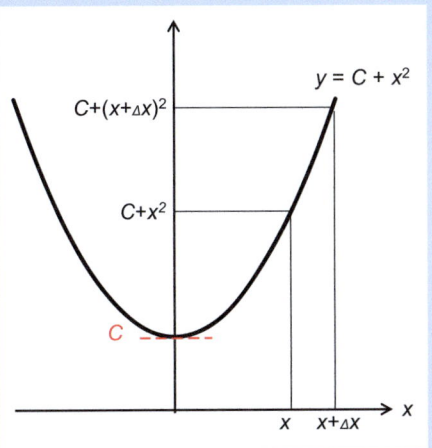

Abb. A.15 Verlust einer Konstanten beim Differenzieren

Bestimmtes Integral

Das **bestimmte Integral** von f in den Grenzen a und b ist durch

$$\int_a^b f(x)dx = F(b) - F(a)$$

gegeben. Während das unbestimmte Integral eine Funktion ist, ist das bestimmte Integral eine Zahl. Das bestimmte Integral liefert den Wert der **Fläche**, die zwischen dem Graphen von f und der Abszisse liegt, in den Grenzen des Intervalls $[a, b]$. Diese Fläche kann man als Grenzwert immer schmaler werdender Rechtecke der Breite $\Delta x = (b - a)/N$ auffassen (Abb. A.16):

$$\text{Fläche} = \lim_{\Delta x \to 0} \sum_{k=1}^{N} f(a + k \cdot \Delta x) \cdot \Delta x = \int_a^b f(x)dx.$$

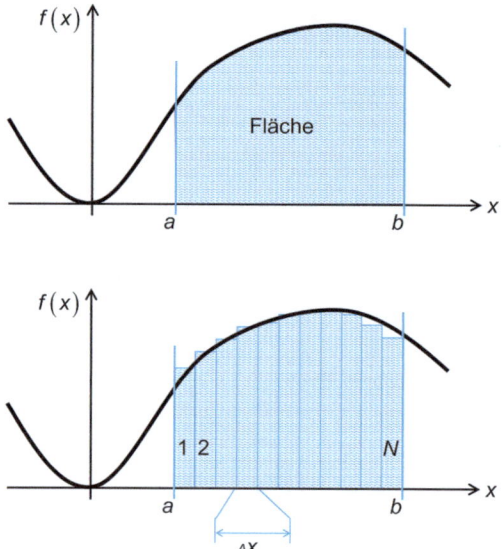

Abb. A.16 Integration als Bestimmung der Fläche (1)

Beispiel

Es sei $f(x) = 2x$. Wir wählen $a = 0$.

k	x	f(x) (Abb. A.17 links)	F(x) (Abb. A.17 rechts)
1	1	1	1
2	2	4	4
3	3	6	9
4	4	8	16

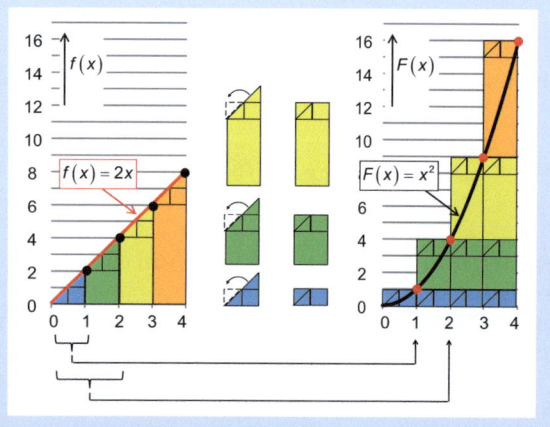

Abb. A.17 Integration als Bestimmung der Fläche (2)

Beispiel

Wir betrachten die Funktion $F(x) = x^2$ als Maß der Fläche unter dem Graphen ihrer Ableitung (Abb. A.18).

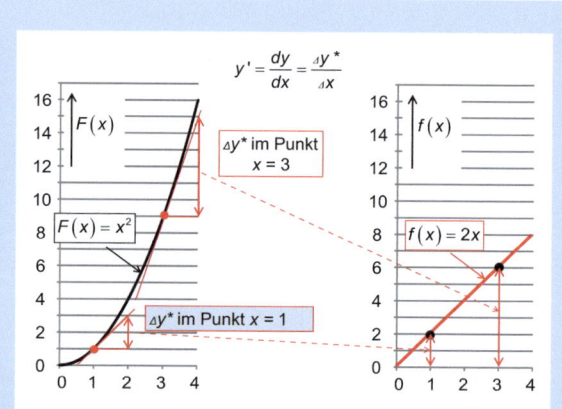

Abb. A.18 Ableitung einer Stammfunktion

Aus Gründen der Anschaulichkeit wurde $\Delta x = 1$ gewählt, sodass zahlenmäßig $\Delta y^*/\Delta x = \Delta y^* = y'$ ist.

Bestimmtes Integral und Stammfunktion

Wir betrachten ein bestimmtes Integral in den Grenzen von a bis y, wobei y eine variable Zahl $\in \mathbb{R}$ ist. Aus der Definition des bestimmten Integrals folgt

$$\int_a^y f(x) \cdot dx = F(y) - F(a).$$

Also ist durch

$$F(y) = \int_a^y f(x) \cdot dx + \underbrace{F(a)}_{\text{Const.}}$$

eine Stammfunktion F von f gegeben. Da $F(y)$ plus einer beliebigen Konstanten ebenfalls eine Stammfunktion ist, addieren wir $-F(a)$ und folgern, dass

$$F(y) = \int_a^y f(x) \cdot dx$$

selbst eine Stammfunktion von f ist. Dies gilt offenbar für jeden Wert von a.

Beispiel

Bekanntlich ist die Geschwindigkeit eines bewegten Objekts gleich der Ableitung des zurückgelegten Weges nach der Zeit. Ferner ist die Beschleunigung des Objekts gleich der Ableitung der Geschwindigkeit nach der Zeit. Umgekehrt erhält die Geschwindigkeit als Integral der Beschleunigung und den Weg als Integral der Geschwindigkeit.

Diese Zusammenhänge sind in Abb. A.19 dargestellt.

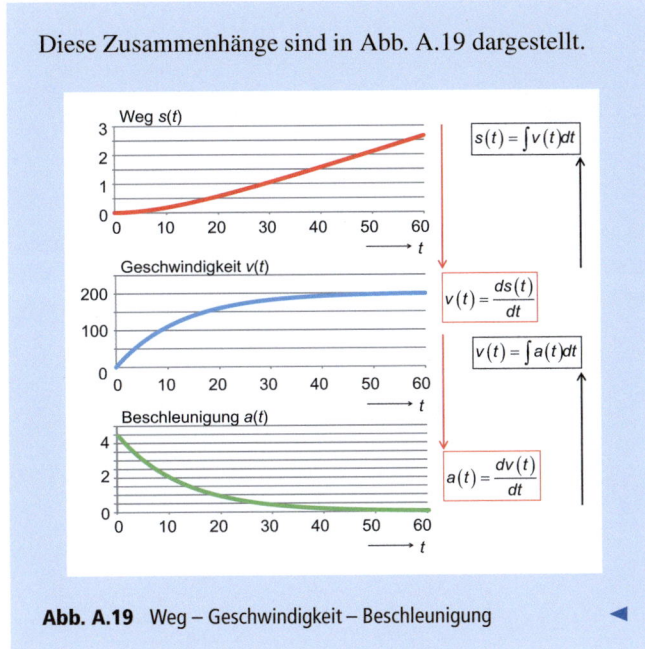

Abb. A.19 Weg – Geschwindigkeit – Beschleunigung

Das griechische Alphabet

Name	Kleine Buchstaben	Große Buchstaben
Alpha	α	A
Beta	β	B
Gamma	γ	Γ
Delta	δ	Δ
Epsilon	ε	E
Zeta	ζ	Z
Eta	η	H
Theta	ϑ	Θ
Jota	ι	I
Kappa	κ	K
Lambda	λ	Λ
My	μ	M
Ny	ν	N
Xi	ξ	Ξ
Omikron	o	O
Pi	π	Π
Rho	ρ	P
Sigma	σ	Σ
Tau	τ	T
Ypsilon	υ	Υ
Phi	φ	Φ
Chi	χ	X
Psi	ψ	Ψ
Omega	ω	Ω

Ausgewählte Ableitungen und Integrale

Funktion $f(x)$	Ableitung	Unbestimmtes Integral
x^n	$(x^n)' = n \cdot x^{n-1}$	$\int x^n dx = \frac{x^{n+1}}{n+1}$
$\ln x$	$(\ln x)' = \frac{1}{x}$	$\int \frac{dx}{x} = \ln |x|$
a^x	$(a^x)' = a^x \cdot \ln a$	$\int a^x dx = \frac{a^x}{\ln a}$
e^{ax}	$(e^{ax})' = a \cdot e^{ax}$	$\int e^{ax} dx = \frac{1}{a} e^{ax}$
xe^{ax}	$(xe^{ax})' = e^{ax}(1+ax)$	$\int x \cdot e^{ax} dx = \frac{e^{ax}}{a^2}(ax-1)$

Produktregel des Differenzierens	Partielle Integration
$(u \cdot v)' = u \cdot v' + u' \cdot v$	$\int u(x) \cdot v'(x) \cdot dx = u(x) \cdot v(x) - \int u'(x) \cdot v(x) \cdot dx$

Quotientenregel des Differenzierens

$$\left(\frac{u}{v}\right)' = \frac{u' \cdot v - u \cdot v'}{v^2}$$

Anhang B – Tabellen

Tabelle 1 – Wahrscheinlichkeiten der Binomialverteilung

Tabelliert sind die Werte $P(X=k)$ für $X \sim B(n,p)$ mit $p \leq 0{,}5$.

Für $p > 0{,}5$ erhält man die Werte $P(X=k)$ durch die Beziehung $P(X=k) = P(Y=n-k)$, wobei $Y \sim B(n, 1-p)$.

Tab. B.1 Wahrscheinlichkeiten der Binomialverteilung

		p									
n	k	0,05	0,1	0,15	0,2	0,25	0,3	0,35	0,4	0,45	0,5
1	0	0,9500	0,9000	0,8500	0,8000	0,7500	0,7000	0,6500	0,6000	0,5500	0,5000
	1	0,0500	0,1000	0,1500	0,2000	0,2500	0,3000	0,3500	0,4000	0,4500	0,5000
2	0	0,9025	0,8100	0,7225	0,6400	0,5625	0,4900	0,4225	0,3600	0,3025	0,2500
	1	0,0950	0,1800	0,2550	0,3200	0,3750	0,4200	0,4550	0,4800	0,4950	0,5000
	2	0,0025	0,0100	0,0225	0,0400	0,0625	0,0900	0,1225	0,1600	0,2025	0,2500
3	0	0,8574	0,7290	0,6141	0,5120	0,4219	0,3430	0,2746	0,2160	0,1664	0,1250
	1	0,1354	0,2430	0,3251	0,3840	0,4219	0,4410	0,4436	0,4320	0,4084	0,3750
	2	0,0071	0,0270	0,0574	0,0960	0,1406	0,1890	0,2389	0,2880	0,3341	0,3750
	3	0,0001	0,0010	0,0034	0,0080	0,0156	0,0270	0,0429	0,0640	0,0911	0,1250
4	0	0,8145	0,6561	0,5220	0,4096	0,3164	0,2401	0,1785	0,1296	0,0915	0,0625
	1	0,1715	0,2916	0,3685	0,4096	0,4219	0,4116	0,3845	0,3456	0,2995	0,2500
	2	0,0135	0,0486	0,0975	0,1536	0,2109	0,2646	0,3105	0,3456	0,3675	0,3750
	3	0,0005	0,0036	0,0115	0,0256	0,0469	0,0756	0,1115	0,1536	0,2005	0,2500
	4	0,0000	0,0001	0,0005	0,0016	0,0039	0,0081	0,0150	0,0256	0,0410	0,0625
5	0	0,7738	0,5905	0,4437	0,3277	0,2373	0,1681	0,1160	0,0778	0,0503	0,0313
	1	0,2036	0,3281	0,3915	0,4096	0,3955	0,3602	0,3124	0,2592	0,2059	0,1563
	2	0,0214	0,0729	0,1382	0,2048	0,2637	0,3087	0,3364	0,3456	0,3369	0,3125
	3	0,0011	0,0081	0,0244	0,0512	0,0879	0,1323	0,1811	0,2304	0,2757	0,3125
	4	0,0000	0,0005	0,0022	0,0064	0,0146	0,0284	0,0488	0,0768	0,1128	0,1563
	5	0,0000	0,0000	0,0001	0,0003	0,0010	0,0024	0,0053	0,0102	0,0185	0,0313
6	0	0,7351	0,5314	0,3771	0,2621	0,1780	0,1176	0,0754	0,0467	0,0277	0,0156
	1	0,2321	0,3543	0,3993	0,3932	0,3560	0,3025	0,2437	0,1866	0,1359	0,0938
	2	0,0305	0,0984	0,1762	0,2458	0,2966	0,3241	0,3280	0,3110	0,2780	0,2344
	3	0,0021	0,0146	0,0415	0,0819	0,1318	0,1852	0,2355	0,2765	0,3032	0,3125
	4	0,0001	0,0012	0,0055	0,0154	0,0330	0,0595	0,0951	0,1382	0,1861	0,2344
	5	0,0000	0,0001	0,0004	0,0015	0,0044	0,0102	0,0205	0,0369	0,0609	0,0938
	6	0,0000	0,0000	0,0000	0,0001	0,0002	0,0007	0,0018	0,0041	0,0083	0,0156
7	0	0,6983	0,4783	0,3206	0,2097	0,1335	0,0824	0,0490	0,0280	0,0152	0,0078
	1	0,2573	0,3720	0,3960	0,3670	0,3115	0,2471	0,1848	0,1306	0,0872	0,0547
	2	0,0406	0,1240	0,2097	0,2753	0,3115	0,3177	0,2985	0,2613	0,2140	0,1641
	3	0,0036	0,0230	0,0617	0,1147	0,1730	0,2269	0,2679	0,2903	0,2918	0,2734
	4	0,0002	0,0026	0,0109	0,0287	0,0577	0,0972	0,1442	0,1935	0,2388	0,2734
	5	0,0000	0,0002	0,0012	0,0043	0,0115	0,0250	0,0466	0,0774	0,1172	0,1641
	6	0,0000	0,0000	0,0001	0,0004	0,0013	0,0036	0,0084	0,0172	0,0320	0,0547
	7	0,0000	0,0000	0,0000	0,0000	0,0001	0,0002	0,0006	0,0016	0,0037	0,0078
8	0	0,6634	0,4305	0,2725	0,1678	0,1001	0,0576	0,0319	0,0168	0,0084	0,0039
	1	0,2793	0,3826	0,3847	0,3355	0,2670	0,1977	0,1373	0,0896	0,0548	0,0313
	2	0,0515	0,1488	0,2376	0,2936	0,3115	0,2965	0,2587	0,2090	0,1569	0,1094
	3	0,0054	0,0331	0,0839	0,1468	0,2076	0,2541	0,2786	0,2787	0,2568	0,2188
	4	0,0004	0,0046	0,0185	0,0459	0,0865	0,1361	0,1875	0,2322	0,2627	0,2734
	5	0,0000	0,0004	0,0026	0,0092	0,0231	0,0467	0,0808	0,1239	0,1719	0,2188
	6	0,0000	0,0000	0,0002	0,0011	0,0038	0,0100	0,0217	0,0413	0,0703	0,1094
	7	0,0000	0,0000	0,0000	0,0001	0,0004	0,0012	0,0033	0,0079	0,0164	0,0313
	8	0,0000	0,0000	0,0000	0,0000	0,0000	0,0001	0,0002	0,0007	0,0017	0,0039

Tab. B.1 Wahrscheinlichkeiten der Binomialverteilung (Fortsetzung)

n	k	p 0,05	0,1	0,15	0,2	0,25	0,3	0,35	0,4	0,45	0,5
9	0	0,6302	0,3874	0,2316	0,1342	0,0751	0,0404	0,0207	0,0101	0,0046	0,0020
	1	0,2985	0,3874	0,3679	0,3020	0,2253	0,1556	0,1004	0,0605	0,0339	0,0176
	2	0,0629	0,1722	0,2597	0,3020	0,3003	0,2668	0,2162	0,1612	0,1110	0,0703
	3	0,0077	0,0446	0,1069	0,1762	0,2336	0,2668	0,2716	0,2508	0,2119	0,1641
	4	0,0006	0,0074	0,0283	0,0661	0,1168	0,1715	0,2194	0,2508	0,2600	0,2461
	5	0,0000	0,0008	0,0050	0,0165	0,0389	0,0735	0,1181	0,1672	0,2128	0,2461
	6	0,0000	0,0001	0,0006	0,0028	0,0087	0,0210	0,0424	0,0743	0,1160	0,1641
	7	0,0000	0,0000	0,0000	0,0003	0,0012	0,0039	0,0098	0,0212	0,0407	0,0703
	8	0,0000	0,0000	0,0000	0,0000	0,0001	0,0004	0,0013	0,0035	0,0083	0,0176
	9	0,0000	0,0000	0,0000	0,0000	0,0000	0,0000	0,0001	0,0003	0,0008	0,0020
10	0	0,5987	0,3487	0,1969	0,1074	0,0563	0,0282	0,0135	0,0060	0,0025	0,0010
	1	0,3151	0,3874	0,3474	0,2684	0,1877	0,1211	0,0725	0,0403	0,0207	0,0098
	2	0,0746	0,1937	0,2759	0,3020	0,2816	0,2335	0,1757	0,1209	0,0763	0,0439
	3	0,0105	0,0574	0,1298	0,2013	0,2503	0,2668	0,2522	0,2150	0,1665	0,1172
	4	0,0010	0,0112	0,0401	0,0881	0,1460	0,2001	0,2377	0,2508	0,2384	0,2051
	5	0,0001	0,0015	0,0085	0,0264	0,0584	0,1029	0,1536	0,2007	0,2340	0,2461
	6	0,0000	0,0001	0,0012	0,0055	0,0162	0,0368	0,0689	0,1115	0,1596	0,2051
	7	0,0000	0,0000	0,0001	0,0008	0,0031	0,0090	0,0212	0,0425	0,0746	0,1172
	8	0,0000	0,0000	0,0000	0,0001	0,0004	0,0014	0,0043	0,0106	0,0229	0,0439
	9	0,0000	0,0000	0,0000	0,0000	0,0000	0,0001	0,0005	0,0016	0,0042	0,0098
	10	0,0000	0,0000	0,0000	0,0000	0,0000	0,0000	0,0000	0,0001	0,0003	0,0010
11	0	0,5688	0,3138	0,1673	0,0859	0,0422	0,0198	0,0088	0,0036	0,0014	0,0005
	1	0,3293	0,3835	0,3248	0,2362	0,1549	0,0932	0,0518	0,0266	0,0125	0,0054
	2	0,0867	0,2131	0,2866	0,2953	0,2581	0,1998	0,1395	0,0887	0,0513	0,0269
	3	0,0137	0,0710	0,1517	0,2215	0,2581	0,2568	0,2254	0,1774	0,1259	0,0806
	4	0,0014	0,0158	0,0536	0,1107	0,1721	0,2201	0,2428	0,2365	0,2060	0,1611
	5	0,0001	0,0025	0,0132	0,0388	0,0803	0,1321	0,1830	0,2207	0,2360	0,2256
	6	0,0000	0,0003	0,0023	0,0097	0,0268	0,0566	0,0985	0,1471	0,1931	0,2256
	7	0,0000	0,0000	0,0003	0,0017	0,0064	0,0173	0,0379	0,0701	0,1128	0,1611
	8	0,0000	0,0000	0,0000	0,0002	0,0011	0,0037	0,0102	0,0234	0,0462	0,0806
	9	0,0000	0,0000	0,0000	0,0000	0,0001	0,0005	0,0018	0,0052	0,0126	0,0269
	10	0,0000	0,0000	0,0000	0,0000	0,0000	0,0000	0,0002	0,0007	0,0021	0,0054
	11	0,0000	0,0000	0,0000	0,0000	0,0000	0,0000	0,0000	0,0000	0,0002	0,0005
12	0	0,5404	0,2824	0,1422	0,0687	0,0317	0,0138	0,0057	0,0022	0,0008	0,0002
	1	0,3413	0,3766	0,3012	0,2062	0,1267	0,0712	0,0368	0,0174	0,0075	0,0029
	2	0,0988	0,2301	0,2924	0,2835	0,2323	0,1678	0,1088	0,0639	0,0339	0,0161
	3	0,0173	0,0852	0,1720	0,2362	0,2581	0,2397	0,1954	0,1419	0,0923	0,0537
	4	0,0021	0,0213	0,0683	0,1329	0,1936	0,2311	0,2367	0,2128	0,1700	0,1208
	5	0,0002	0,0038	0,0193	0,0532	0,1032	0,1585	0,2039	0,2270	0,2225	0,1934
	6	0,0000	0,0005	0,0040	0,0155	0,0401	0,0792	0,1281	0,1766	0,2124	0,2256
	7	0,0000	0,0000	0,0006	0,0033	0,0115	0,0291	0,0591	0,1009	0,1489	0,1934
	8	0,0000	0,0000	0,0001	0,0005	0,0024	0,0078	0,0199	0,0420	0,0762	0,1208
	9	0,0000	0,0000	0,0000	0,0001	0,0004	0,0015	0,0048	0,0125	0,0277	0,0537
	10	0,0000	0,0000	0,0000	0,0000	0,0000	0,0002	0,0008	0,0025	0,0068	0,0161
	11	0,0000	0,0000	0,0000	0,0000	0,0000	0,0000	0,0001	0,0003	0,0010	0,0029
	12	0,0000	0,0000	0,0000	0,0000	0,0000	0,0000	0,0000	0,0000	0,0001	0,0002

Tab. B.1 Wahrscheinlichkeiten der Binomialverteilung (Fortsetzung)

n	k	p 0,05	0,1	0,15	0,2	0,25	0,3	0,35	0,4	0,45	0,5
13	0	0,5133	0,2542	0,1209	0,0550	0,0238	0,0097	0,0037	0,0013	0,0004	0,0001
	1	0,3512	0,3672	0,2774	0,1787	0,1029	0,0540	0,0259	0,0113	0,0045	0,0016
	2	0,1109	0,2448	0,2937	0,2680	0,2059	0,1388	0,0836	0,0453	0,0220	0,0095
	3	0,0214	0,0997	0,1900	0,2457	0,2517	0,2181	0,1651	0,1107	0,0660	0,0349
	4	0,0028	0,0277	0,0838	0,1535	0,2097	0,2337	0,2222	0,1845	0,1350	0,0873
	5	0,0003	0,0055	0,0266	0,0691	0,1258	0,1803	0,2154	0,2214	0,1989	0,1571
	6	0,0000	0,0008	0,0063	0,0230	0,0559	0,1030	0,1546	0,1968	0,2169	0,2095
	7	0,0000	0,0001	0,0011	0,0058	0,0186	0,0442	0,0833	0,1312	0,1775	0,2095
	8	0,0000	0,0000	0,0001	0,0011	0,0047	0,0142	0,0336	0,0656	0,1089	0,1571
	9	0,0000	0,0000	0,0000	0,0001	0,0009	0,0034	0,0101	0,0243	0,0495	0,0873
	10	0,0000	0,0000	0,0000	0,0000	0,0001	0,0006	0,0022	0,0065	0,0162	0,0349
	11	0,0000	0,0000	0,0000	0,0000	0,0000	0,0001	0,0003	0,0012	0,0036	0,0095
	12	0,0000	0,0000	0,0000	0,0000	0,0000	0,0000	0,0000	0,0001	0,0005	0,0016
	13	0,0000	0,0000	0,0000	0,0000	0,0000	0,0000	0,0000	0,0000	0,0000	0,0001
14	0	0,4877	0,2288	0,1028	0,0440	0,0178	0,0068	0,0024	0,0008	0,0002	0,0001
	1	0,3593	0,3559	0,2539	0,1539	0,0832	0,0407	0,0181	0,0073	0,0027	0,0009
	2	0,1229	0,2570	0,2912	0,2501	0,1802	0,1134	0,0634	0,0317	0,0141	0,0056
	3	0,0259	0,1142	0,2056	0,2501	0,2402	0,1943	0,1366	0,0845	0,0462	0,0222
	4	0,0037	0,0349	0,0998	0,1720	0,2202	0,2290	0,2022	0,1549	0,1040	0,0611
	5	0,0004	0,0078	0,0352	0,0860	0,1468	0,1963	0,2178	0,2066	0,1701	0,1222
	6	0,0000	0,0013	0,0093	0,0322	0,0734	0,1262	0,1759	0,2066	0,2088	0,1833
	7	0,0000	0,0002	0,0019	0,0092	0,0280	0,0618	0,1082	0,1574	0,1952	0,2095
	8	0,0000	0,0000	0,0003	0,0020	0,0082	0,0232	0,0510	0,0918	0,1398	0,1833
	9	0,0000	0,0000	0,0000	0,0003	0,0018	0,0066	0,0183	0,0408	0,0762	0,1222
	10	0,0000	0,0000	0,0000	0,0000	0,0003	0,0014	0,0049	0,0136	0,0312	0,0611
	11	0,0000	0,0000	0,0000	0,0000	0,0000	0,0002	0,0010	0,0033	0,0093	0,0222
	12	0,0000	0,0000	0,0000	0,0000	0,0000	0,0000	0,0001	0,0005	0,0019	0,0056
	13	0,0000	0,0000	0,0000	0,0000	0,0000	0,0000	0,0000	0,0001	0,0002	0,0009
	14	0,0000	0,0000	0,0000	0,0000	0,0000	0,0000	0,0000	0,0000	0,0000	0,0001
15	0	0,4633	0,2059	0,0874	0,0352	0,0134	0,0047	0,0016	0,0005	0,0001	0,0000
	1	0,3658	0,3432	0,2312	0,1319	0,0668	0,0305	0,0126	0,0047	0,0016	0,0005
	2	0,1348	0,2669	0,2856	0,2309	0,1559	0,0916	0,0476	0,0219	0,0090	0,0032
	3	0,0307	0,1285	0,2184	0,2501	0,2252	0,1700	0,1110	0,0634	0,0318	0,0139
	4	0,0049	0,0428	0,1156	0,1876	0,2252	0,2186	0,1792	0,1268	0,0780	0,0417
	5	0,0006	0,0105	0,0449	0,1032	0,1651	0,2061	0,2123	0,1859	0,1404	0,0916
	6	0,0000	0,0019	0,0132	0,0430	0,0917	0,1472	0,1906	0,2066	0,1914	0,1527
	7	0,0000	0,0003	0,0030	0,0138	0,0393	0,0811	0,1319	0,1771	0,2013	0,1964
	8	0,0000	0,0000	0,0005	0,0035	0,0131	0,0348	0,0710	0,1181	0,1647	0,1964
	9	0,0000	0,0000	0,0001	0,0007	0,0034	0,0116	0,0298	0,0612	0,1048	0,1527
	10	0,0000	0,0000	0,0000	0,0001	0,0007	0,0030	0,0096	0,0245	0,0515	0,0916
	11	0,0000	0,0000	0,0000	0,0000	0,0001	0,0006	0,0024	0,0074	0,0191	0,0417
	12	0,0000	0,0000	0,0000	0,0000	0,0000	0,0001	0,0004	0,0016	0,0052	0,0139
	13	0,0000	0,0000	0,0000	0,0000	0,0000	0,0000	0,0001	0,0003	0,0010	0,0032
	14	0,0000	0,0000	0,0000	0,0000	0,0000	0,0000	0,0000	0,0000	0,0001	0,0005
	15	0,0000	0,0000	0,0000	0,0000	0,0000	0,0000	0,0000	0,0000	0,0000	0,0000

Tab. B.1 Wahrscheinlichkeiten der Binomialverteilung (Fortsetzung)

n	k	p 0,05	0,1	0,15	0,2	0,25	0,3	0,35	0,4	0,45	0,5
20	0	0,3585	0,1216	0,0388	0,0115	0,0032	0,0008	0,0002	0,0000	0,0000	0,0000
	1	0,3774	0,2702	0,1368	0,0576	0,0211	0,0068	0,0020	0,0005	0,0001	0,0000
	2	0,1887	0,2852	0,2293	0,1369	0,0669	0,0278	0,0100	0,0031	0,0008	0,0002
	3	0,0596	0,1901	0,2428	0,2054	0,1339	0,0716	0,0323	0,0123	0,0040	0,0011
	4	0,0133	0,0898	0,1821	0,2182	0,1897	0,1304	0,0738	0,0350	0,0139	0,0046
	5	0,0022	0,0319	0,1028	0,1746	0,2023	0,1789	0,1272	0,0746	0,0365	0,0148
	6	0,0003	0,0089	0,0454	0,1091	0,1686	0,1916	0,1712	0,1244	0,0746	0,0370
	7	0,0000	0,0020	0,0160	0,0545	0,1124	0,1643	0,1844	0,1659	0,1221	0,0739
	8	0,0000	0,0004	0,0046	0,0222	0,0609	0,1144	0,1614	0,1797	0,1623	0,1201
	9	0,0000	0,0001	0,0011	0,0074	0,0271	0,0654	0,1158	0,1597	0,1771	0,1602
	10	0,0000	0,0000	0,0002	0,0020	0,0099	0,0308	0,0686	0,1171	0,1593	0,1762
	11	0,0000	0,0000	0,0000	0,0005	0,0030	0,0120	0,0336	0,0710	0,1185	0,1602
	12	0,0000	0,0000	0,0000	0,0001	0,0008	0,0039	0,0136	0,0355	0,0727	0,1201
	13	0,0000	0,0000	0,0000	0,0000	0,0002	0,0010	0,0045	0,0146	0,0366	0,0739
	14	0,0000	0,0000	0,0000	0,0000	0,0000	0,0002	0,0012	0,0049	0,0150	0,0370
	15	0,0000	0,0000	0,0000	0,0000	0,0000	0,0000	0,0003	0,0013	0,0049	0,0148
	16	0,0000	0,0000	0,0000	0,0000	0,0000	0,0000	0,0000	0,0003	0,0013	0,0046
	17	0,0000	0,0000	0,0000	0,0000	0,0000	0,0000	0,0000	0,0000	0,0002	0,0011
	18	0,0000	0,0000	0,0000	0,0000	0,0000	0,0000	0,0000	0,0000	0,0000	0,0002
	19	0,0000	0,0000	0,0000	0,0000	0,0000	0,0000	0,0000	0,0000	0,0000	0,0000
30	0	0,2146	0,0424	0,0076	0,0012	0,0002	0,0000	0,0000	0,0000	0,0000	0,0000
	1	0,3389	0,1413	0,0404	0,0093	0,0018	0,0003	0,0000	0,0000	0,0000	0,0000
	2	0,2586	0,2277	0,1034	0,0337	0,0086	0,0018	0,0003	0,0000	0,0000	0,0000
	3	0,1270	0,2361	0,1703	0,0785	0,0269	0,0072	0,0015	0,0003	0,0000	0,0000
	4	0,0451	0,1771	0,2028	0,1325	0,0604	0,0208	0,0056	0,0012	0,0002	0,0000
	5	0,0124	0,1023	0,1861	0,1723	0,1047	0,0464	0,0157	0,0041	0,0008	0,0001
	6	0,0027	0,0474	0,1368	0,1795	0,1455	0,0829	0,0353	0,0115	0,0029	0,0006
	7	0,0005	0,0180	0,0828	0,1538	0,1662	0,1219	0,0652	0,0263	0,0081	0,0019
	8	0,0001	0,0058	0,0420	0,1106	0,1593	0,1501	0,1009	0,0505	0,0191	0,0055
	9	0,0000	0,0016	0,0181	0,0676	0,1298	0,1573	0,1328	0,0823	0,0382	0,0133
	10	0,0000	0,0004	0,0067	0,0355	0,0909	0,1416	0,1502	0,1152	0,0656	0,0280
	11	0,0000	0,0001	0,0022	0,0161	0,0551	0,1103	0,1471	0,1396	0,0976	0,0509
	12	0,0000	0,0000	0,0006	0,0064	0,0291	0,0749	0,1254	0,1474	0,1265	0,0806
	13	0,0000	0,0000	0,0001	0,0022	0,0134	0,0444	0,0935	0,1360	0,1433	0,1115
	14	0,0000	0,0000	0,0000	0,0007	0,0054	0,0231	0,0611	0,1101	0,1424	0,1354
	15	0,0000	0,0000	0,0000	0,0002	0,0019	0,0106	0,0351	0,0783	0,1242	0,1445
	16	0,0000	0,0000	0,0000	0,0000	0,0006	0,0042	0,0177	0,0489	0,0953	0,1354
	17	0,0000	0,0000	0,0000	0,0000	0,0002	0,0015	0,0079	0,0269	0,0642	0,1115
	18	0,0000	0,0000	0,0000	0,0000	0,0000	0,0005	0,0031	0,0129	0,0379	0,0806
	19	0,0000	0,0000	0,0000	0,0000	0,0000	0,0001	0,0010	0,0054	0,0196	0,0509
	20	0,0000	0,0000	0,0000	0,0000	0,0000	0,0000	0,0003	0,0020	0,0088	0,0280
	21	0,0000	0,0000	0,0000	0,0000	0,0000	0,0000	0,0001	0,0006	0,0034	0,0133
	22	0,0000	0,0000	0,0000	0,0000	0,0000	0,0000	0,0000	0,0002	0,0012	0,0055
	23	0,0000	0,0000	0,0000	0,0000	0,0000	0,0000	0,0000	0,0000	0,0003	0,0019
	24	0,0000	0,0000	0,0000	0,0000	0,0000	0,0000	0,0000	0,0000	0,0001	0,0006
	25	0,0000	0,0000	0,0000	0,0000	0,0000	0,0000	0,0000	0,0000	0,0000	0,0001
	26	0,0000	0,0000	0,0000	0,0000	0,0000	0,0000	0,0000	0,0000	0,0000	0,0000

Tabelle 2 – Quantile der Standard-Normalverteilung

Tabelliert sind die wichtigsten oberen Quantile der Standard-Normalverteilung. Untere Quantile erhält man aus der Beziehung $u_p = -u_{1-p}$.

Tab. B.2 Quantile der Standard-Normalverteilung

p	0,800	0,850	0,900	0,950	0,975	0,990	0,995	0,999	0,9995
u_p	0,8416	1,0364	1,2816	1,6449	1,9600	2,3263	2,5758	3,0902	3,2905

Tabelle 3 – Verteilungsfunktion der Standard-Normalverteilung

Tabelliert sind die Werte $\Phi(y) = P(Y \leq y)$ für $Y \sim N(0, 1)$ und $y \geq 0$.

Für $y < 0$ erhält man die Werte aus der Beziehung $\Phi(-y) = 1 - \Phi(y)$.

Tab. B.3 Verteilungsfunktion der Standard-Normalverteilung

$y\backslash *$	0	1	2	3	4	5	6	7	8	9
0,0	0,50000	0,50399	0,50798	0,51197	0,51595	0,51994	0,52392	0,52790	0,53188	0,53586
0,1	0,53983	0,54380	0,54776	0,55172	0,55567	0,55962	0,56356	0,56749	0,57142	0,57535
0,2	0,57926	0,58317	0,58706	0,59095	0,59483	0,59871	0,60257	0,60642	0,61026	0,61409
0,3	0,61791	0,62172	0,62552	0,62930	0,63307	0,63683	0,64058	0,64431	0,64803	0,65173
0,4	0,65542	0,65910	0,66276	0,66640	0,67003	0,67364	0,67724	0,68082	0,68439	0,68793
0,5	0,69146	0,69497	0,69847	0,70194	0,70540	0,70884	0,71226	0,71566	0,71904	0,72240
0,6	0,72575	0,72907	0,73237	0,73565	0,73891	0,74215	0,74537	0,74857	0,75175	0,75490
0,7	0,75804	0,76115	0,76424	0,76730	0,77035	0,77337	0,77637	0,77935	0,78230	0,78524
0,8	0,78814	0,79103	0,79389	0,79673	0,79955	0,80234	0,80511	0,80785	0,81057	0,81327
0,9	0,81594	0,81859	0,82121	0,82381	0,82639	0,82894	0,83147	0,83398	0,83646	0,83891
1,0	0,84134	0,84375	0,84614	0,84849	0,85083	0,85314	0,85543	0,85769	0,85993	0,86214
1,1	0,86433	0,86650	0,86864	0,87076	0,87286	0,87493	0,87698	0,87900	0,88100	0,88298
1,2	0,88493	0,88686	0,88877	0,89065	0,89251	0,89435	0,89617	0,89796	0,89973	0,90147
1,3	0,90320	0,90490	0,90658	0,90824	0,90988	0,91149	0,91309	0,91466	0,91621	0,91774
1,4	0,91924	0,92073	0,92220	0,92364	0,92507	0,92647	0,92785	0,92922	0,93056	0,93189
1,5	0,93319	0,93448	0,93574	0,93699	0,93822	0,93943	0,94062	0,94179	0,94295	0,94408
1,6	0,94520	0,94630	0,94738	0,94845	0,94950	0,95053	0,95154	0,95254	0,95352	0,95449
1,7	0,95543	0,95637	0,95728	0,95818	0,95907	0,95994	0,96080	0,96164	0,96246	0,96327
1,8	0,96407	0,96485	0,96562	0,96638	0,96712	0,96784	0,96856	0,96926	0,96995	0,97062
1,9	0,97128	0,97193	0,97257	0,97320	0,97381	0,97441	0,97500	0,97558	0,97615	0,97670
2,0	0,97725	0,97778	0,97831	0,97882	0,97932	0,97982	0,98030	0,98077	0,98124	0,98169
2,1	0,98214	0,98257	0,98300	0,98341	0,98382	0,98422	0,98461	0,98500	0,98537	0,98574
2,2	0,98610	0,98645	0,98679	0,98713	0,98745	0,98778	0,98809	0,98840	0,98870	0,98899
2,3	0,98928	0,98956	0,98983	0,99010	0,99036	0,99061	0,99086	0,99111	0,99134	0,99158
2,4	0,99180	0,99202	0,99224	0,99245	0,99266	0,99286	0,99305	0,99324	0,99343	0,99361
2,5	0,99379	0,99396	0,99413	0,99430	0,99446	0,99461	0,99477	0,99492	0,99506	0,99520
2,6	0,99534	0,99547	0,99560	0,99573	0,99585	0,99598	0,99609	0,99621	0,99632	0,99643
2,7	0,99653	0,99664	0,99674	0,99683	0,99693	0,99702	0,99711	0,99720	0,99728	0,99736
2,8	0,99744	0,99752	0,99760	0,99767	0,99774	0,99781	0,99788	0,99795	0,99801	0,99807
2,9	0,99813	0,99819	0,99825	0,99831	0,99836	0,99841	0,99846	0,99851	0,99856	0,99861
3,0	0,99865	0,99869	0,99874	0,99878	0,99882	0,99886	0,99889	0,99893	0,99896	0,99900
3,1	0,99903	0,99906	0,99910	0,99913	0,99916	0,99918	0,99921	0,99924	0,99926	0,99929
3,2	0,99931	0,99934	0,99936	0,99938	0,99940	0,99942	0,99944	0,99946	0,99948	0,99950
3,3	0,99952	0,99953	0,99955	0,99957	0,99958	0,99960	0,99961	0,99962	0,99964	0,99965
3,4	0,99966	0,99968	0,99969	0,99970	0,99971	0,99972	0,99973	0,99974	0,99975	0,99976
3,5	0,99977	0,99978	0,99978	0,99979	0,99980	0,99981	0,99981	0,99982	0,99983	0,99983
3,6	0,99984	0,99985	0,99985	0,99986	0,99986	0,99987	0,99987	0,99988	0,99988	0,99989

Tab. B.3 Verteilungsfunktion der Standard-Normalverteilung (Fortsetzung)

$y\backslash^*$	0	1	2	3	4	5	6	7	8	9
3,7	0,99989	0,99990	0,99990	0,99990	0,99991	0,99991	0,99992	0,99992	0,99992	0,99992
3,8	0,99993	0,99993	0,99993	0,99994	0,99994	0,99994	0,99994	0,99995	0,99995	0,99995
3,9	0,99995	0,99995	0,99996	0,99996	0,99996	0,99996	0,99996	0,99996	0,99997	0,99997
4,0	0,99997	0,99997	0,99997	0,99997	0,99997	0,99997	0,99998	0,99998	0,99998	0,99998

Tabelle 4 – Quantile der Student-Verteilung

Tabelliert sind die wichtigsten oberen Quantile der Student-Verteilung mit r Freiheitsgraden. Untere Quantile erhält man aus der Beziehung $t_{r,p} = -t_{r,1-p}$.

Tab. B.4 Quantile der Student-Verteilung

	P							
	0,75	0,875	0,90	0,95	0,975	0,99	0,995	0,999
1	1,000	2,414	3,078	6,314	12,706	31,821	63,657	318,309
2	0,816	1,604	1,886	2,920	4,303	6,965	9,925	22,327
3	0,765	1,423	1,638	2,353	3,182	4,541	5,841	10,215
4	0,741	1,344	1,533	2,132	2,776	3,747	4,604	7,173
5	0,727	1,301	1,476	2,015	2,571	3,365	4,032	5,893
6	0,718	1,273	1,440	1,943	2,447	3,143	3,707	5,208
7	0,711	1,254	1,415	1,895	2,365	2,998	3,499	4,785
8	0,706	1,240	1,397	1,860	2,306	2,896	3,355	4,501
9	0,703	1,230	1,383	1,833	2,262	2,821	3,250	4,297
10	0,700	1,221	1,372	1,812	2,228	2,764	3,169	4,144
11	0,697	1,214	1,363	1,796	2,201	2,718	3,106	4,025
12	0,695	1,209	1,356	1,782	2,179	2,681	3,055	3,930
13	0,694	1,204	1,350	1,771	2,160	2,650	3,012	3,852
14	0,692	1,200	1,345	1,761	2,145	2,624	2,977	3,787
15	0,691	1,197	1,341	1,753	2,131	2,602	2,947	3,733
16	0,690	1,194	1,337	1,746	2,120	2,583	2,921	3,686
17	0,689	1,191	1,333	1,740	2,110	2,567	2,898	3,646
18	0,688	1,189	1,330	1,734	2,101	2,552	2,878	3,610
19	0,688	1,187	1,328	1,729	2,093	2,539	2,861	3,579
20	0,687	1,185	1,325	1,725	2,086	2,528	2,845	3,552
21	0,686	1,183	1,323	1,721	2,080	2,518	2,831	3,527
22	0,686	1,182	1,321	1,717	2,074	2,508	2,819	3,505
23	0,685	1,180	1,319	1,714	2,069	2,500	2,807	3,485
24	0,685	1,179	1,318	1,711	2,064	2,492	2,797	3,467
25	0,684	1,178	1,316	1,708	2,060	2,485	2,787	3,450
26	0,684	1,177	1,315	1,706	2,056	2,479	2,779	3,435
27	0,684	1,176	1,314	1,703	2,052	2,473	2,771	3,421
28	0,683	1,175	1,313	1,701	2,048	2,467	2,763	3,408
29	0,683	1,174	1,311	1,699	2,045	2,462	2,756	3,396
30	0,683	1,173	1,310	1,697	2,042	2,457	2,750	3,385
40	0,681	1,167	1,303	1,684	2,021	2,423	2,704	3,307
50	0,679	1,164	1,299	1,676	2,009	2,403	2,678	3,261
60	0,679	1,162	1,296	1,671	2,000	2,390	2,660	3,232
70	0,678	1,160	1,294	1,667	1,994	2,381	2,648	3,211
80	0,678	1,159	1,292	1,664	1,990	2,374	2,639	3,195
90	0,677	1,158	1,291	1,662	1,987	2,368	2,632	3,183
100	0,677	1,157	1,290	1,660	1,984	2,364	2,626	3,174
200	0,676	1,154	1,286	1,653	1,972	2,345	2,601	3,131
300	0,675	1,153	1,284	1,650	1,968	2,339	2,592	3,118
400	0,675	1,152	1,284	1,649	1,966	2,336	2,588	3,111
500	0,675	1,152	1,283	1,648	1,965	2,334	2,586	3,107
∞	0,674	1,150	1,282	1,645	1,960	2,326	2,576	3,090

Tabelle 5 – Quantile der Chi-Quadratverteilung

Tabelliert sind die wichtigsten Quantile der Chi-Quadrat-Verteilung mit r Freiheitsgraden.

Tab. B.5 Quantile der Chi-Quadrat-Verteilung

r	p										
	0,005	0,01	0,025	0,05	0,1	0,5	0,9	0,95	0,975	0,99	0,995
1	0,00	0,00	0,00	0,00	0,02	0,45	2,71	3,84	5,02	6,63	7,88
2	0,01	0,02	0,05	0,10	0,21	1,39	4,61	5,99	7,38	9,21	10,60
3	0,07	0,11	0,22	0,35	0,58	2,37	6,25	7,81	9,35	11,34	12,84
4	0,21	0,30	0,48	0,71	1,06	3,36	7,78	9,49	11,14	13,28	14,86
5	0,41	0,55	0,83	1,15	1,61	4,35	9,24	11,07	12,83	15,09	16,75
6	0,68	0,87	1,24	1,64	2,20	5,35	10,64	12,59	14,45	16,81	18,55
7	0,99	1,24	1,69	2,17	2,83	6,35	12,02	14,07	16,01	18,48	20,28
8	1,34	1,65	2,18	2,73	3,49	7,34	13,36	15,51	17,53	20,09	21,95
9	1,73	2,09	2,70	3,33	4,17	8,34	14,68	16,92	19,02	21,67	23,59
10	2,16	2,56	3,25	3,94	4,87	9,34	15,99	18,31	20,48	23,21	25,19
11	2,60	3,05	3,82	4,57	5,58	10,34	17,28	19,68	21,92	24,73	26,76
12	3,07	3,57	4,40	5,23	6,30	11,34	18,55	21,03	23,34	26,22	28,30
13	3,57	4,11	5,01	5,89	7,04	12,34	19,81	22,36	24,74	27,69	29,82
14	4,07	4,66	5,63	6,57	7,79	13,34	21,06	23,68	26,12	29,14	31,32
15	4,60	5,23	6,26	7,26	8,55	14,34	22,31	25,00	27,49	30,58	32,80
16	5,14	5,81	6,91	7,96	9,31	15,34	23,54	26,30	28,85	32,00	34,27
17	5,70	6,41	7,56	8,67	10,09	16,34	24,77	27,59	30,19	33,41	35,72
18	6,26	7,01	8,23	9,39	10,86	17,34	25,99	28,87	31,53	34,81	37,16
19	6,84	7,63	8,91	10,12	11,65	18,34	27,20	30,14	32,85	36,19	38,58
20	7,43	8,26	9,59	10,85	12,44	19,34	28,41	31,41	34,17	37,57	40,00
21	8,03	8,90	10,28	11,59	13,24	20,34	29,62	32,67	35,48	38,93	41,40
22	8,64	9,54	10,98	12,34	14,04	21,34	30,81	33,92	36,78	40,29	42,80
23	9,26	10,20	11,69	13,09	14,85	22,34	32,01	35,17	38,08	41,64	44,18
24	9,89	10,86	12,40	13,85	15,66	23,34	33,20	36,42	39,36	42,98	45,56
25	10,52	11,52	13,12	14,61	16,47	24,34	34,38	37,65	40,65	44,31	46,93
26	11,16	12,20	13,84	15,38	17,29	25,34	35,56	38,89	41,92	45,64	48,29
27	11,81	12,88	14,57	16,15	18,11	26,34	36,74	40,11	43,19	46,96	49,65
28	12,46	13,56	15,31	16,93	18,94	27,34	37,92	41,34	44,46	48,28	50,99
29	13,12	14,26	16,05	17,71	19,77	28,34	39,09	42,56	45,72	49,59	52,34
30	13,79	14,95	16,79	18,49	20,60	29,34	40,26	43,77	46,98	50,89	53,67
31	14,46	15,66	17,54	19,28	21,43	30,34	41,42	44,99	48,23	52,19	55,00
32	15,13	16,36	18,29	20,07	22,27	31,34	42,59	46,19	49,48	53,49	56,33
33	15,82	17,07	19,05	20,87	23,11	32,34	43,75	47,40	50,73	54,78	57,65
34	16,50	17,79	19,81	21,66	23,95	33,34	44,90	48,60	51,97	56,06	58,96
35	17,19	18,51	20,57	22,47	24,80	34,34	46,06	49,80	53,20	57,34	60,28
36	17,89	19,23	21,34	23,27	25,64	35,34	47,21	51,00	54,44	58,62	61,58
37	18,59	19,96	22,11	24,08	26,49	36,34	48,36	52,19	55,67	59,89	62,88
38	19,29	20,69	22,88	24,88	27,34	37,34	49,51	53,38	56,90	61,16	64,18
39	20,00	21,43	23,65	25,70	28,20	38,34	50,66	54,57	58,12	62,43	65,48
40	20,71	22,16	24,43	26,51	29,05	39,34	51,80	55,76	59,34	63,69	66,77

Ergänzende Lehrbücher

1. Bamberg, G. Bauer, F., Krapp, M.: Statistik, 17. Aufl. Verlag Oldenbourg, München (2012)
2. Fahrmeir, L., Künstler, R., Pigeot, I., Tutz, G.: Statistik: Der Weg zur Datenanalyse, 7. Aufl. Springer, Heidelberg (2012)
3. Hartung, J., Elpelt, B., Klösener, K.-H.: Statistik: Lehr- und Handbuch der angewandten Statistik, 15. Aufl. Verlag Oldenbourg, München (2009)
4. Kockelkorn, U.: Statistik für Anwender. Springer, Heidelberg (2012)
5. Mittag, H.-J.: Statistik. Eine interaktive Einführung. Springer, Heidelberg (2011)
6. Mosler, K., Schmid, F.: Beschreibende Statistik und Wirtschaftsstatistik, 4. Aufl. Springer, Heidelberg (2009)
7. Mosler, K., Schmid, F.: Wahrscheinlichkeitsrechnung und schließende Statistik, 4. Aufl. Springer, Heidelberg (2011)
8. Mosler, K., Dyckerhoff, R., Scheicher, C.: Mathematische Methoden für Ökonomen, 2. Aufl. Springer, Heidelberg (2011)
9. Sachs, L.: Angewandte Statistik, 11. Aufl. Springer, Heidelberg (2003)

Sachverzeichnis

A
Ablehnbereich, 76, 78
Absolutskala, 6
Additionssatz, 24
Approximation
    von Verteilungen, 61, 62
Assoziativgesetze, 22

B
Balkendiagramm, 7
Bayes-Formel, 25
bedingte Wahrscheinlichkeit, 24
Bernoulli-Experiment, 46
Bernoulli-Versuchsreihe, 46
Bestimmtheitsmaß, 87, 88
Bias, 65
Binomialverteilung, 46
    Approximation, 50
Boolesche Algebra, 22
Box-Whisker-Plot, 9

C
Chi-Quadrat-Test, 82
Chi-Quadrat-Verteilung, 71

D
Datenerzeugungsmodell, 64
Datenmatrix, 14
Datenquellen, 16
Datentabelle, 14
Dichte, 31
Differenzereignis, 20
Disparität, 12
Distributivgesetze, 22
Durchschnitt
    gleitender, 15
Durchschnittsereignis, 20

E
Elementarereignis, 20
ELISA-Test, 26
Ereignis, 20
Ereignisalgebra, 21
Ereignisse
    unabhängige, 24
Ergebnis, 20
Erwartungstreue, 65
    asymptotische, 66
Erwartungswert, 32
    einer binomialverteilten Zufallsgröße, 47
    einer exponential verteilten Zufallsgröße, 52
    einer Poisson-verteilten Zufallsgröße, 50
    einer rechteckverteilten Zufallsgröße, 51
Exponentialverteilung, 51

F
Fehler
    erster Art, 76
    zweiter Art, 76
Fehlerwahrscheinlichkeit
    erster Art, 78
    zweiter Art, 78
Freiheitsgrad, 71

G
Gauß-Test, 79
Gauß-Verteilung, 56
Gedächtnislosigkeit, 52
Gegenhypothese, 76, 78
Gesetz der großen Zahlen, 42
Gini-Koeffizient, 13
Glätten
    exponentielles, 15, 16
Gleichverteilung
    diskrete, 33
    stetige, 51
Glockenkurve, 56
Grundgesamtheit, 6, 16

H
Häufigkeit, 42
    absolute, 6, 66
    relative, 6, 22, 42, 67
Häufigkeitspolygon, 10
Histogramm, 9
Hypergeometrische Verteilung, 48
    Approximation, 49

I
Intervallschätzung, 68
    der Regressionskoeffizienten, 89
Intervallskala, 6
Irrtumswahrscheinlichkeit, 68

K
Kardinalskala, 6
Kolmogoroff'sche Axiome, 24
Kombination, 46
Kommutativgesetze, 22
Komplementärereignis, 20
Konfidenzintervall, 68
    für eine Varianz, 71
    für einen Erwartungswert, 70
Konfidenzniveau, 68
Konsistenz, 66
Konvergenz nach Wahrscheinlichkeit, 66
Korrelationskoeffizient, 39
Kovarianz, 38, 88
Kreisdiagramm, 7
kritischer Bereich, 76

kritischer Wert, 76
Kurtosis, 34

L
lageinvariant, 35
Lageparameter, 35
Laplace-Wahrscheinlichkeit, 23
Lebensdauerverteilung, 51
linksschief, 35
Lorenz-Fläche, 13
Lorenz-Kurve, 12

M
Median
    empirischer, 8
    theoretischer, 36
Mengensystem, 21
Merkmal, 6, 16
Merkmalsträger, 6
Methode der kleinsten Quadrate, 86
metrisch, 6
Mittel
    arithmetisches, 10
    geometrisches, 11
Mittelwert
    gleitender, 15
Modalwert, 10
Modus, 10, 35

N
Nominalskala, 6
normalverteilte Größen
    Summen, 60
Normalverteilung, 56, 68
Nullhypothese, 76, 78

O
Ordinalskala, 6

P
Parameter, 64
Parameterschätzung, 64
Poisson-Verteilung, 49
Potenzmenge, 20, 21
Prognose, 91
Prognosefehler, 91

Q
Quantil, 36
    der Normalverteilung, 59
    empirisches, 8
Quotientenskala, 6

R
Randverteilung, 37

Sachverzeichnis

Randverteilungsfunktion, 37
Randwahrscheinlichkeit, 36
Realisierung, 64
Rechteckverteilung, 50
rechtsschief, 35
Regeln von De Morgan, 22
Regressand, 86
Regression
    geschätzte, 89
    lineare, 86
    mehrfache lineare, 91
    mit Zufallsgrößen, 88
Regressionsgerade, 86
Regressionsmodell, 88
    multiples lineares, 92
Regressor, 86
Residualvarianz
    Schätzung, 88
Residuum, 86
Restgröße, 86
Ringdiagramm, 7

S

Satz über die totale Wahrscheinlichkeit, 25
Säulendiagramm, 7
Schätzer, 65
    erwartungstreuer, 65, 67
    für Binomialverteilung, 67
    für eine Wahrscheinlichkeit, 67
    für Exponentialverteilung, 67
    für Normalverteilung, 67
    für Poisson-Verteilung, 67
Schätzfunktion, 64
Schätzproblem, 88
Schiefe, 34
Schwankungsintervall
    zentrales, 60
Schwerpunkt, 86
Signifikanzniveau, 78
Skala, 6
Skalenparameter, 35
Stammfunktion, 56
Standardabweichung, 34
    empirische, 11
Standardfehler
    der Regression, 89
Standard-Normalverteilung, 56
Statistik
    amtliche, 17
    deskriptive, 20
    nichtamtliche, 17
    schließende, 20
    statistisch bewiesen, 78
    statistisch gesichert, 78
Steigung, 86
Stichprobe, 64
Stichprobendaten, 78
Stichprobenlänge, 64
Stichprobenmittel, 42, 65
Stichprobenumfang, 64
Störgröße, 86
Streudiagramm, 86
Student-Test, 80
Student-Verteilung, 70

T

Test, 76
    einseitiger, 78
    linksseitiger, 79
    rechtsseitiger, 79
    über eine Varianz, 82
    über einen Anteil, 81
    über einen Erwartungswert, 80
    über Regressionskoeffizienten, 90
    zweiseitiger, 78, 79
Testgröße, 76, 78, 79
Teststatistik, 76
totale Wahrscheinlichkeit, 25
t-Verteilung, 70

U

unimodal, 35
Unschuldsvermutung, 78

V

Varianz, 32
    beobachtete, 87
    einer binomialverteilten Zufallsgröße, 47
    einer exponential-verteilten Zufallsgröße, 52
    empirische, 11, 65
    erklärte, 87
    korrigierte, 11
    korrigierte empirische, 65, 66
Variationskoeffizient, 12
Vereinigungsereignis, 20
Verhältnisskala, 6
Verteilung
    allgemeine, 69
    diskrete, 30
    stetige, 33
Verteilungsannahme, 78
Verteilungsfunktion, 30
    der Exponentialverteilung, 52
    der Normalverteilung, 56
    der Rechteckverteilung, 51
    empirische, 7
    gemeinsame, 37, 42
Verteilungsparameter, 64
Verteilungstabelle, 36
Vertrauensniveau, 68
Verzerrung, 65

W

Wahrscheinlichkeit, 22, 42
    gemeinsame, 36
    Rechenregeln, 23
Wahrscheinlichkeitsdichte, 31
Wahrscheinlichkeitsfunktion, 30
Wahrscheinlichkeitsmodell, 64
Wahrscheinlichkeitsrechnung, 20
Wölbung, 34

Z

Zeitreihe, 14
    geglättete, 15
Zentraler Grenzwertsatz, 60
zentrales Moment, 35
Zufallsexperiment, 20
Zufallsgröße
    diskret verteilte, 30
    stetig verteilte, 30, 31
Zufallsgrößen
    gemeinsam diskret verteilte, 42
    gemeinsam stetig verteilte, 42
    unabhängige, 36
Zufallsstichprobe, 64
Zufallsvariable, 30
    unabhängige, 40
Zufallsvektor, 36
Zufallsvorgang, 20, 22
Zuwachsfaktor, 15
Zuwachsrate, 15

If you have any concerns about our products,
you can contact us on
ProductSafety@springernature.com

In case Publisher is established outside the EU,
the EU authorized representative is:
**Springer Nature Customer Service Center GmbH
Europaplatz 3, 69115 Heidelberg, Germany**

Printed by Libri Plureos GmbH
in Hamburg, Germany